Unterrichtspraxis BIOLOGIE

Strukturierung · Materialien · Informationen

Band 16: **Grundlagen zur Verhaltenslehre**

Autoren:
Harald Kähler · Elke Wimmel-Steger

Herausgeber:
Joachim Jaenicke · Harald Kähler

Aulis Verlag
Deubner & Co KG

Die Deutsche Bibliothek — CIP-Einheitsaufnahme

Unterrichtspraxis Biologie. – Köln : Aulis Verl. Deubner.
16. Kähler, Harald: Grundlagen zur Verhaltenslehre. – 1994

Kähler, Harald:
Grundlagen zur Verhaltenslehre / Autoren: Harald Kähler ;
Elke Wimmel-Steger. Hrsg.: Joachim Jaenicke ; Harald Kähler,
– Köln : Aulis Verl. Deubner, 1994
(Unterrichtspraxis Biologie ; Bd. 16)
ISBN 3-7614-1488-9
NE: Wimmel-Steger, Elke Margrit:

Unterrichtspraxis Biologie · **Reihenübersicht:**

1 Zellen · Bakterien · Viren
2 Bau und Lebensweise von Blütenpflanzen
3 Bau und Lebensweise von blütenlosen Pflanzen
4 Stoffwechsel bei Pflanzen
5 Bau und Lebensweise von Wirbeltieren
6 Bau und Lebensweise von Haustieren
7 Bau und Lebensweise von wirbellosen Tieren
8 Stoffwechsel beim Menschen
9 Sinnesorgane des Menschen
10 Hormon- und Nervenphysiologie beim Menschen
11 Menschliche Sexualität und Entwicklung
12 Mensch und Gesundheit
13 Mensch und Umwelt
14 Grundlagen zur Vererbungslehre
15 Grundlagen zur Abstammungslehre
16 Grundlagen zur Verhaltenslehre
17 Wechselbeziehungen im Lebensraum Wald
18 Wechselbeziehungen im Lebensraum Gewässer
19 Wechselbeziehungen im Lebensraum Moor

Abkürzungen:

UE = Unterrichtseinheit
AMA = Arbeitsmittel für die Arbeitsprojektion
L = Lehrer / Lehrerin
SuS = Schüler und Schülerinnen

Best.-Nr. 8386

Umschlaggestaltung: Atelier Warminski, Büdingen
Satz: Textverarbeitung A. Schwarz, Köln
Druck und Verarbeitung: Druckerei Plump KG, Rheinbreitbach
ISBN 3-7614-1488-9

Titelfotos (Dr. *Jaenicke*)
oben links: Schülerin mikroskopiert
oben Mitte: Moosblattzellen
oben rechts: Arbeitsprojektion eines Zellmodells
Mitte links: Stute mit Fohlen
Mitte: Blätter der Rotbuche im Gegenlicht
Mitte rechts: Feld mit Klatschmohn
unten links: Dukatenfalter auf Gänseblümchen
unten Mitte: Gartenteich
unten rechts: Gewässeruntersuchung

Inhalt

Vorwort

Mit der Buchreihe **Unterrichtspraxis BIOLOGIE** soll den Lehrerinnen und Lehrern Unterrichtshilfen für den Biologieunterricht in den Klassen 5 - 10 aller Schulformen geboten werden. Diese Unterrichtshilfen verstehen sich als Anregungen für die Planung und Durchführung eines zeitgemäßen Biologieunterrichts.

Jeder Band dieser Buchreihe impliziert mehrere Unterrichtseinheiten zu dem jeweiligen Themenbereich. Der vorliegende Band "Grundlagen zur Verhaltenslehre" enthält vier Unterrichtseinheiten. Jeder Unterrichtseinheit werden Lernvoraussetzungen, ein Sequenzvorschlag inhaltlicher Schwerpunkte mit möglicher Zeitplanung sowie sachinformative Hinweise vorangestellt. Die Sachinformationen implizieren sachanalytische Aspekte, die aus Gründen der Übersicht im Glossarstil dargestellt werden. Sie können und wollen jedoch kein Schülerbuch ersetzen.

Eine didaktische und methodische Akzentsetzung mit unterrichtlichen Hinweisen erfolgt in den **Informationen zur Unterrichtspraxis**. Sie bilden mit den dazugehörigen **MATERIALIEN** den Schwerpunkt einer jeden Unterrichtseinheit. Dabei werden Lernschritte i.S. der Differenzierung alternativ angeboten. Die Strukturierung von Lernprozessen in Lernschritte erfolgt nach einem problemorientierten Ansatz i.S. naturwissenschaftlicher Erkenntnisgewinnung bei einem induktiv erarbeitenden Unterrichtsverfahren: *Beobachtung eines biologischen Phänomens → Problem → Bildung von Vermutungen* (Hypothesen) *→ Falsifikation bzw. Verifikation der Vermutungen → Ergebnis → Vertiefung* und *Ausweitung → Erkenntnis.* Von den resultierenden unterrichtlichen Phasen (*Einstieg mit Problemsituation → Lösungsplanung → Erarbeitung → Ergebnis → Festigung*) sind nur **Einstiegs-** und **Erarbeitungsmöglichkeiten** angegeben. Durch diesen Verzicht auf Stundenbilder bleibt der Freiraum für die Kolleginnen und Kollegen erhalten. Die Lernschrittsequenz ist nur als Vorschlag i.S. einer Anregung zu verstehen. Sie soll in übersichtlicher Form die Vorbereitung und Durchführung von Unterricht erleichtern. Daher wurde auch aus zeitökonomischen Gründen auf didaktische und methodische Begründungen sowie auf Lernzielformulierungen verzichtet, zumal diese Kriterien Gegenstand von Lehrplänen und Richtlinien sind.

Die Gliederung erfolgt übersichtlich in zwei Spalten: Die erste Spalte impliziert die Lernschritte, die zweite die zugehörigen Unterrichtsmittel. In der zweiten Spalte werden alle notwendigen Medien aufgeführt unter Integration der zugehörigen **MATERIALIEN** als Kopiervorlagen sowie der Medientasche. Die MATERIALIEN können als "Materialgebundene AUFGABEN", "EXPERIMENTE", "MODELLE" oder als "**A**rbeits**m**ittel für die **A**rbeitsprojektion" (AMA) konzipiert sein. Alle MATERIALIEN können jedoch unterrichtlich wie materialgebundene AUFGABEN verwendet werden. Die in der Kopfleiste angegebene Materialien-Form stellt die primär konzipierte dar, kann jedoch nach individuellem Ermessen auch verändert eingesetzt werden. Die materialgebundenen AUFGABEN stellen nicht nur eine Arbeitsunterlage im Unterricht dar, sondern können als Hausaufgabe, in Arbeitstests oder als Bestandteil von Klassenarbeiten verwendet werden. Durch Kombination von mehreren materialgebundenen Aufgaben läßt sich z.B. eine Klassenarbeit erstellen.

Die in der Medienspalte aufgeführten Filme und Diareihen werden in der Rubrik **Medieninformation** in der Regel durch Annotationen, Kurzfassungen und unterrichtliche Anmerkungen detaillierter dargestellt. Dies gilt ebenso für empfohlene, vertiefende, leicht zugängliche Fachliteratur wie Zeitschriftenartikel und Bücher.

Herausgeber und Autoren möchten mit dieser Buchreihe den Kolleginnen und Kollegen schüler- und praxisorientierte Hilfestellungen leisten bei der Planung und Durchführung eines zeitgemäßen Biologieunterrichtes.

Noch eine Bitte: Kein Autor, kein Herausgeber und kein Verlag sind gegen Fehler unterschiedlicher Art sowie gegen subjektive Betrachtung und Unzulänglichkeit gefeit. Daher bitten wir alle Benutzer von Unterrichtspraxis BIOLOGIE herzlich um Kritik; entsprechende Hinweise werden wir dankbar aufnehmen.

Die Autoren und die Herausgeber sind sich dessen bewußt, daß die im vorliegenden Band vorgenommene Trennung von "angeborenem Verhalten" und "erlerntem Verhalten" primär von didaktisch- methodischer Relevanz ist, während in der wissenschaftlichen Verhaltensbiologie die innige und kaum auflösbare Verschränkung beider Verhaltensanteile im Vordergrund der Betrachtung steht.

Die Herausgeber

Dr. Joachim Jaenicke *Dr. Harald Kähler*

I. Unterrichtseinheit (UE): Angeborenes Verhalten

Lernvoraussetzungen:

Bau und Funktion von Sinnesorganen; Bau und Funktion des Nervensystems; Reiz-Reaktionsbeziehungen; Beobachten von Erscheinungsformen bei Tieren und Pflanzen.

Gliederung:

Die Pfeile geben die hier vorgeschlagene Unterrichtssequenz inhaltlicher Schwerpunkte dieser Unterrichtseinheit an. Es sind aber auch andere Sequenzen denkbar.

1. **Beobachtung von Verhalten**
2. **Schlüsselreize lösen Instinkthandlungen aus**
3. **Reiz-Reaktionskette**
4. **KASPAR-HAUSER-Versuche**
5. **Antrieb für Instinkthandlungen**
6. **Hydraulisches Instinktmodell**

Zeitplanung:

Für diese Unterrichtseinheit muß man 6-7 Stunden veranschlagen; die verkürzte Fassung, also ohne die Inhalte 5 und 6, kann man in 4-5 Stunden unterrichtlich umsetzen.

I.1 Sachinformationen:

Aktionsspezifisches Potential (ASP):
So wird der innere Antrieb zu einer Handlung bezeichnet, ein gängiges Kürzel ist ASP. Im Sinne des → *hydraulischen Instinktmodells* wird das ASP durch innere Faktoren (Hormone, Erregungen) und durch Zusatzeinflüsse (*Lorenz* spricht von aufladenden Reizen) erhöht, dadurch erhöht sich die Bereitschaft zu einer Handlung. Das ASP läßt sich experimentell nicht nachweisen. Die Notwendigkeit dieser Größe wird kontrovers diskutiert.

Angeborener auslösender Mechanismus (AAM):
Eine Instinkthandlung wird durch einen spezifischen Reiz, den Schlüsselreiz, ausgelöst. Dieser Schlüsselreiz wird durch angeborene Nervenverschaltungen aus der Vielzahl der aus der Umwelt einströmenden Informationen herausgefiltert. Diese Nervenschaltungen, die den spezifischen Reiz bzw. die spezifische Reizkombination selektieren, nennt man **a**ngeborenen, **a**uslösenden **M**echanismus (AAM). Es handelt sich dabei um eine sehr komplexe Struktur, die bisher nicht lokalisiert werden konnte. Man kann lediglich sagen, daß es sich beim AAM um eine Struktur des Nervensystems handelt, die den nervösen Anstoß zur Ausführung einer Instinkthandlung zur Verfügung stellt.

Aggression:
Nach *Barnett* bezeichnet man damit jedes Verhalten, das zur Vertreibung von Artgenossen und artfremden Individuen führt. Es ist nicht belegt, daß aggressivem Verhalten ein echtes Instinktgefüge zugrunde liegt, d.h. daß es einen Aggressionstrieb gibt. Nach *Lorenz* allerdings ist aggressives Verhalten auf einen solchen Trieb zurückzuführen. Lerntheoretiker dagegen sehen aggressives Verhalten ausschließlich als reaktives Verhalten.

Ambivalentes Verhalten:
Dabei handelt es sich um ein Verhalten, das aus zwei meist gleich starken, entgegengerichteten Endhandlungen resultiert. So reagiert eine Silbermöwe z.B. auf eine rote Eiattrappe mit wechselseitigem Bebrüten und Entfernen derselben. Auf den Schlüsselreiz "Rot im Nest" reagiert sie normalerweise mit Herausrollen, auf den Schlüsselreiz "Eiform" mit Bebrüten.

Angeborenes Verhalten:
Üblicherweise versteht man darunter all das, was phylogenetisch festgelegt ist und nicht erlernt werden muß.

Anthropomorphismus:
Damit wird eine "Gefahr" gekennzeichnet, der im besonderen Maße der Ethologe bzw. der mit dieser Thematik befaßte Laie erliegen kann: Biologische (hier: ethologische) Sachverhalte und Geschehnisse werden aus menschlicher Sicht betrachtet und bewertet ("Das Muttertier sorgt sich um seine Kinder.").

Appetenz:
Dieser Begriff wird unterschiedlich definiert und verstanden. Einige Ethologen (z.B. *Buchholtz, Eibl-Eibesfeldt, Immelmann*) ignorieren ihn und nehmen ihn folglich auch nicht in das Sachregister ihrer Standardwerke auf. Sie befassen sich lediglich mit dem → *Appetenzverhalten*. *Tembrock* dagegen verzichtet zwar auch auf eine Definition, verwendet den Begriff jedoch im Sinne einer Bereitschaft eines Tieres, bestimmte Handlungen auszuführen. Damit gerät dieser Begriff in die Nähe des Bedeutungsgefüges von → *Motivation*, → *spezifische Handlungsbereitschaft*, und → *aktionsspezifisches Potential*.

Appetenzverhalten:
Zumeist einhellig versteht man darunter die gesteigerte motorische Aktivität und Aufmerksamkeit eines Tieres mit großer Handlungsbereitschaft. Das Tier sucht aktiv nach einer die Endhandlung auslösenden Reizsituation. Es führt dabei Handlungen aus, die die Wahrscheinlichkeit erhöhen, auf eine solche Situation zu treffen. So beobachtet man z.B. bei hungrigen Turmfalken, daß sie ihr Gebiet zunächst ziellos durchstreifen, bis sie über einer gesichteten Beute zu rütteln beginnen.

Attrappen:
Hierunter versteht man in der Verhaltensforschung alle Nachbildungen (vollständiger Tiere, Teile von Tieren, Reizkombinationen, unnatürliche Gegenstände), die zur Prüfung von Verhaltensreaktionen eines Tieres eingesetzt werden, um die Eigenschaften der für das betreffende Verhalten wichtigen Reize zu untersuchen. Es geht also beim Einsatz von Attrappen immer um die Analyse einer Reizsituation.
Um die Auslösung des Pickverhaltens bei Möwenküken zu untersuchen, stellte man verschiedene Nachbildungen der Möwenköpfe her. Dabei ließ man nacheinander typische Merkmale weg und veränderte so das Aussehen der Köpfe. Die veränderten Köpfe testete man auf ihre auslösende Wirkung hinsichtlich der Pickreaktion. Es zeigte sich, daß ein roter Punkt auf einem gelben Schnabel die Pickreaktion besonders häufig auslöste. Von geringer Bedeutung waren Farbe und Form des Kopfes der Attrappen. Um das Auslösen der Pickreaktion bei Silbermöwenküken zu untersuchen, verwendet man einfache Nachbildungen eines Kopfes von adulten Silbermöwen. An diesen Attrappen veränderte man nacheinander Form und Farbe des Kopfes sowie die Farbe des Schnabelflecks und des Schnabels.

Auslösende Reize:
Auf ein Individuum wirken vielfältige Reize ein. Nur ein geringer Teil dieser einwirkenden Reize wird wahrgenommen. Von den wahrgenommenen Reizen werden die, die ein ganz bestimmtes Verhalten auslösen, als auslösende Reize bezeichnet.

Auslöser:
Einige Autoren meinen damit den Träger → *auslösender Reize*. So ist zum Beispiel ein Stichlingsmännchen Träger des auslösenden Reizes "roter Bauch", dieser Reiz löst beim Revierinhaber Revierverteidigungsverhalten aus. Man trifft allerdings auch auf eine andere Definition. So wird dieser Begriff auch gleichbedeutend mit dem des Schlüsselreizes verwendet. An anderer Stelle verwendet man diesen Begriff für Schlüsselreize, die an eine Mitteilungsfunktion angepaßt sind.

Behaviorismus:
Darunter versteht man eine Richtung der Verhaltenspsychologie, die u.a. von *Morgan*, *Skinner* und *Thorndike* vertreten wurde. Hier wird tierisches Verhalten unter strikter Meidung von Ansichten über psychische Vorgänge im Tier dargestellt und analysiert. Man nimmt dabei an, daß das Verhalten von Tieren im wesentlichen als Reiz-Reaktions-Sequenz zu bewerten und in diesem Sinne auf Lernprozesse zurückzuführen sei. Der genetische Anteil in tierischen Verhaltensweisen wird gering geschätzt, Spontanität hat in einem solchen Erklärungskonzept keinen Platz.

Doppelte Quantifizierung:
Das Prinzip der doppelten Quantifizierung erfaßt den Sachverhalt, daß die Intensität oder die Häufigkeit des Auftretens einer Instinkthandlung sowohl von der Handlungsbereitschaft (Motivation) als auch von der Stärke (Spezifität) des Schlüsselreizes abhängt.

EAAM:
Durch **E**rfahrung erweiterter **a**ngeborener **A**uslöse**m**echanismus. Der → **angeborene Auslösemechanismus (AAM)** ändert eine Selektivität im Verlaufe der Individualentwicklung eines Tieres. **Erworbene Auslösemechanismen (EAM)** werden integriert, somit entsteht ein durch Erfahrung, d.h. durch Lernvorgänge erweiterter AAM, also ein EAAM. So schnappt eine junge Kröte aufgrund ihres AAM zunächst nach allen kleinen und beweglichen Objekten. Später aber wird sie z.B. nicht mehr nach einer Wespe schnappen, nachdem sie bei einem Schnappversuch von einem solchen Beuteobjekt gestochen worden ist.

EAM:
Im Verlaufe der Individualentwicklung erworbener (dafür steht häufig nur eine sensible Phase zeitlich zur Verfügung) auslösender Mechanismus. So haben Enten einen AAM für die Nachfolgereaktion, der auf relativ wenig differenzierte akustische und optische Reize anspricht. Innerhalb weniger Stunden nach dem Schlüpfen, während der sogenannten sensiblen Phase, lernen sie sehr viele zusätzliche Merkmale und Einzelheiten über das elterliche Individuum hinzu, das Nachlaufen wird nun über einen → *EAAM* ausgelöst. Schließlich überwiegen die erlernten Merkmale in ihrer Bedeutung, die Reaktion ist nicht mehr durch die ursprünglichen, wenig differenzierten optischen und akustischen Reize auslösbar. Man kann jetzt von einem **e**rworbenen **A**uslöse**m**echanismus (EAM) sprechen. Er ist an die Stelle des zunächst nach dem Schlüpfen vorhandenen AAM getreten.

Endhandlung:

Darunter versteht *Lorenz* die durch einen angeborenen Auslösemechanismus in Gang gesetzte, Triebenergie verbrauchende Handlung. Man spricht auch von einer *erbkoordinierten Endhandlung.* Eine solche Endhandlung, wie z.B. das Sperren bei Amseljungen, kann aus einer → *Orientierungsbewegung* (Ausrichten der gereckten Hälse parallel zur Schwerkraftrichtung) und einer → *Erbkoordination* (Öffnen des Schnabels) bestehen.

Erbkoordination:

Dieser Begriff wurde von *Lorenz* und *Tinbergen* 1938 eingeführt. Er steht für eine einfache oder zusammengesetzte Bewegung, die eine → *Instinkthandlung* zum Abschluß bringt. Die einzelnen Teilbewegungen und auch ihre zeitliche Reihenfolge sind erblich festgelegt, können aber den jeweiligen Umweltbedingungen entsprechend abgewandelt werden. Erbkoordinationen sind arttypisch und lernunabhängig. Beim Sperren der Amseljungen ist das Ausrichten der Hälse als → *Orientierungsbewegung* zu kennzeichnen, das Aufreißen der Schnäbel dagegen als → *Erbkoordination.*

Erfahrung:

Hiermit ist in der Ethologie ein individueller Informationswettbewerb angesprochen, also letztlich das Ergebnis eines Lernprozesses.

Ethogramm:

Man kann hier auch von einem Verhaltensdiagramm sprechen. Dabei werden alle (Gesamtinventar) oder einige Verhaltensmerkmale einer Art oder eines Individuums beschrieben.

Ethologie:

Als Synonym wäre die Verhaltensbiologie zu sehen. Das Hauptanliegen der Ethologie besteht darin, das angeborene Verhalten einer Art objektiv zu beschreiben und mit artspezifischen Verhaltensweisen anderer Arten zu vergleichen (vergleichende Verhaltensforschung). Diesem Ansatz liegt die Erkenntnis zugrunde, daß sich Verhaltensweisen ebenso wie andere Merkmale (z.B. morphologische Merkmale) stammesgeschichtlich entwickelt haben, daß also Verhaltensweisen Ergebnis evolutiver Prozesse sind. Folglich lassen sich Verhaltensweisen verschiedener Arten vergleichen und somit gegebenenfalls auch homologisieren. Der Begriff "Ethologie" wurde erstmals 1910 von *Heinroth* in dem heute üblichen Sinne gebraucht.

Freilandbeobachtung:

Hier wird das natürliche Verhalten von Tieren in ihrer normalen Umgebung beobachtet. Solche Beobachtungen sind sehr aufwendig und verlangen dem Ethologen beträchtliche Anstrengungen ab. Der Vorteil dieser Untersuchungsmethode ist darin zu sehen, daß die bei der Laborhaltung und -beobachtung auftretenden Fehler bzw. Verhaltensänderungen vermieden werden.

Funktionskreis:

Er bezeichnet das Gefüge von Verhaltensmechanismen, denen gleiche oder ähnliche → *Motivationen* zugrunde liegen und die eine bestimmte biologische Funktion erfüllen. So unterscheidet man z.B. die Funktionskreise der Nahrungsaufnahme, der Balz, der Revierverteidigung.

Handlungsketten:

Darunter versteht man ein zeitlich geordnetes Aufeinanderfolgen von Einzelhandlungen, die jeweils durch einen neuen Schlüsselreiz ausgelöst werden. Dabei ist die vorausgegangene Handlung oft Schlüsselreiz für die folgende. Bekanntes Beispiel: Handlungskette bei der Paarung des Stichlings. Das dickbäuchige Weibchen erscheint, dies ist der Schlüsselreiz für den Zick-Zack-Tanz des Männchens. Dessen Zick-Zack-Tanz wiederum löst die Präsentation des dicken Bauches beim Weibchen aus usw.

Hierarchie der Instinkte:

Nach *Tinbergen* (1972) lassen sich angeborene Verhaltensweisen hierarchisch ordnen. So gilt z.B. für das Kampfverhalten des Stichlings als höchste Ebene die des Wanderverhaltens. Darunter befindet sich die des Revierverhaltens. Auf einer noch niedrigeren Ebene stehen gleichrangig nebeneinander die Verhaltensbereiche Balz, Kampf, Nisten und Brutpflege. Dem Kampfverhalten sind auf einer nächsten Ebene nachgeordnet das Verfolgen, Imponieren, Beißen und Rammen. Eine weitere Auffächerung zu noch tieferen Ebenen ist möglich.

Diese Modellvorstellung ist nicht mehr allgemein akzeptiert.

Innere Faktoren:

Darunter versteht man Faktoren, die die physiologische oder psychologische Handlungsbereitschaft eines Organismus von innen her beeinflussen: Hormone, selbständige Erregungen, Reifezustand des Organismus, innere Reize (Hunger, Spannungszustand von Muskeln u.a.).

Instinkt:

Nach *Tinbergen*: Ein Instinkt ist ein hierarchisch organisierter, nervöser Mechanismus, der auf bestimmte vorwarnende, auslösende und richtende Impulse, sowohl innere wie äußere, anspricht und sie mit wohlkoordinierten, lebens- und arterhaltenden Bewegungen beantwortet.

Zumeist wird Instinkt heute als umfassender, das Gefüge von Verhaltensweisen kennzeichnender Begriff verwendet. Die meisten Autoren verzichten daher auf diesen Begriff und verwenden stattdessen präzisierende Termini wie Instinkthandlung, Instinktzentrum u.ä.

Instinkt-Lern-Verschränkung:

Im Sinne von *Lorenz* sind Instinkt-Dressur-Verschränkung und Instinkt-Lern-Verschränkung gleichzusetzen. Verwendet man jedoch den Begriff der Dressur in einem engeren Sinne, muß die Instinkt-Lern-Verschränkung folgendermaßen gesehen werden: Modifikation oder Ergänzung instinktiven Verhaltens durch erworbene (erlernte) Verhaltensweisen. So ist zwar vielen Vogelarten das Singen angeboren, die genaue Kenntnis der Strophen ihres Gesanges (Rhythmus, Melodie) muß erlernt werden. In einem solchen Fall wird man zudem von einem → *obligatorischen* Lernvorgang sprechen.

Instinktbewegung:

Synonym zu verwenden mit dem Begriff Erbkoordination.

Instinkthandlung:

Eine zwangsweise, ohne Zielvorstellung ablaufende Handlung im Dienst der Art- und Lebenserhaltung. Sie setzt sich häufig aus einer modifizierbaren Orientierungsbewegung und einer formstarren Instinktbewegung (Erbkoordination) zusammen und kann somit den Umständen angepaßt werden.

Isolierte Aufzucht:

→ *Kaspar-Hauser-Versuch*

Kaspar-Hauser-Versuch:

Darunter versteht man die Aufzucht eines Jungtieres unter weitgehendem Erfahrungsentzug. Dabei werden die Tiere gleich nach der Geburt isoliert und so getrennt von Artgenossen aufgezogen. Die Verhaltensweisen, die so aufgewachsene Tiere zeigen, müssen ihnen angeboren sein. Somit eignet sich diese Methode zur Unterscheidung zwischen angeborenen und erlernten Verhaltensweisen. Es darf allerdings nicht übersehen werden, daß die Tiere unter unnatürlichen Bedingungen aufwachsen und somit nicht alle Voraussetzungen zur Realisierung ihres Verhaltens erleben. Im ungünstigsten Fall entwickeln sich so aufgezogene Jungtiere (z.B. Affenbabys) zu schwer gestörten Individuen.

Motivation:

Wird in der Ethologie häufig synonym verwendet für → *aktionsspezifische Energie.*

Orientierungsbewegung:

Hier spricht man auch von → *Taxis* und meint damit im engeren Sinne die Ausrichtung des Körpers, eines Organs auf einen Außenreiz hin, so daß die eigentliche Instinkthandlung ablaufen kann. So ist z.B. das Ausrichten der Hälse nach der Schwerkraft bei Amseljungen eine Orientierungsbewegung, das Sperren selbst muß dann als Instinkthandlung gekennzeichnet werden.

Reaktion:

Darunter versteht man das auf einen äußeren Reiz folgende Verhalten. So ist das Erscheinen des dickbäuchigen Stichlingsweibchens der äußere Reiz für die Reaktion des Männchens, mit dem Zick-Zack-Tanz zu beginnen.

Reflex:

Damit wird eine einfache, unbewußte und zumeist spezifische Verhaltensreaktion (Bewegung, Sekretion) eines Organismus oder seiner Teile beschrieben, die durch einen bestimmten Reiz ausgelöst wird. So wird z.B. das Vorschnellen des Unterschenkels beim Kniesehnenreflex durch einen Schlag auf die Kniesehne (Patellarsehne) ausgelöst.

Reiz:

Darunter versteht man einen Umwelteinfluß, der in einem bestimmten Sinnesorgan eine Erregung auslöst. Eine solche Wirkung kann von einem Merkmal, von einem Signal oder auch vom Körperinneren ausgehen. Zumeist wird die so im Sinnesorgan erzeugte Erregung weitergeleitet und zu einem Effektororgan, meist Muskeln, weitergeleitet. Dort kommt es zu einer Handlung, wie z.B. einer Kontraktion eines Muskels.

Schlüsselreiz:

Dieser Begriff wurde 1939 von *Lorenz* in folgendem Sinne geprägt: Ein Schlüsselreiz ist ein spezifischer Reiz, der auf ererbte, arttypische Verhaltensschablonen paßt und instinktgebundene Reaktionen auslöst. Aufgrund ihrer Fähigkeit, instinktgebundene Reaktionen auszulösen, werden Schlüsselreize auch als Auslöser bezeichnet. So ist z.B. die Erschütterung des Nests der Schlüsselreiz für die Sperrbewegung bei Amseljungen. Man kann also sagen, daß Schlüsselreize stets angeborene, arterhaltend sinnvolle Reaktionen auslösen. Kennzeichnend für Schlüsselreize ist zudem, daß es sich zumeist nur um einige wenige Merkmale handelt, im Einzelfall reicht ein einziges Merkmal aus, um die Instinkthandlung auszulösen.

Trieb:

Dieser Begriff wird in der Ethologie sehr uneinheitlich verwendet, so z.B. für die Appetenz, für den Instinkt oder für die Stimmungslage. Es ist daher ratsam, diesen Begriff nicht einzuführen bzw. neu zu definieren.

Übernormale Attrappe:

Es handelt sich hier um Attrappen mit übernormal stark wirksamen Reizen. Solche Attrappen lösen eine Instinkthandlung häufiger aus als das natürliche Vorbild. So führt die Darbietung eines langen roten Stabes bei Silbermöwenküken zu häufigeren Pickreaktionen, als es die naturgetreue Nachbildung eines Möwenkopfes vermag.

Übersprungshandlung:

Man versteht darunter Instinkthandlungen, die mit der beobachtbaren Reizsituation offen sichtlich in keinem Zusammenhang stehen. So beobachtet man bei zwei gleichstarken Kampfhähnen, die sich gegenüberstehen, daß einer der beiden Hähne plötzlich in den Boden pickt, obwohl dort kein Futter zu sehen ist. Man erklärt diese Reaktion folgendermaßen: In der Konfrontation beider Hähne ist die aktionsspezifische Energie für Kampfverhalten sehr groß, aber in Anbetracht des Gegners ist auch der Antrieb für eine Fluchtreaktion recht groß. In dieser Konfliktsituation zwischen Angriff und Flucht "springt" aktionsspezifische Energie der beiden konkurrierenden Verhaltenstendenzen auf eine andere Steuerungsbahn über und setzt ein Verhalten (hier: Futterpicken) in Gang, das mit der ursprünglichen Reizsituation (Rivale) nichts mehr zu tun hat.

Diese Modellvorstellung wird zunehmend kontrovers diskutiert,

Verhaltensinventar:

Darunter versteht man die Gesamtheit der Verhaltensweisen eines Individuums bzw. einer Art. Es setzt sich zusammen aus artspezifischem und somit genetisch bedingtem Verhalten und dem Verhalten, das das einzelne Individuum im Verlaufe seiner Individualentwicklung erworben hat.

I.2 Informationen zur Unterrichtspraxis

I.2.1 Einstiegsmöglichkeiten

Einstiegsmöglichkeiten	Medien
A.	
■ L setzt Hamster auf den Experimentiertisch, ein Regenwurm wird in eine angefeuchtete Petrischale gelegt;	■ Goldhamster, Regenwurm, angefeuchtete Petrischale ***Anmerkung:*** *Auch wenn es sich um gesunde Goldhamster handelt, sollten die SuS belehrt werden, das Tier nicht anzufassen oder gar in die Hand zu nehmen; zum demonstrierten Regenwurm sollte angemerkt werden, daß er nach Beendigung der Unterrichtsstunde wieder ins Erdreich zurückgesetzt wird. So kommt man möglichen Befürchtungen von SuS zuvor, daß die hier untersuchten Tiere Schaden nehmen könnten.*
▶ **Problemfrage:** Wodurch unterscheiden sich die beiden Tiere außer durch ihren Körperbau?	■ Tafel
B.	
■ L projiziert Film über angeborenes und erlerntes Verhalten eines Eichhörnchens	■ FWU-Film 360063 "Angeborenes und erlerntes Verhalten beim Eichhörnchen" in der ganzen Länge.
▶ **Problemfrage:** Wodurch unterscheiden sich jüngere von älteren Eichhörnchen außer durch ihr Aussehen und ihre Größe?	■ Tafel
Unterrichtliche Anmerkung: *Dieser Einstieg führt sowohl zum Phänomen des Verhaltens als gleichwertiges Merkmal zur Kennzeichnung von Tieren als auch zur allgemein akzeptierten Klassifizierung menschlichen und tierischen Verhaltens in angeborenes und erlerntes. Damit kann der Blick frühzeitig auf die Veränderlichkeit von Verhalten gelenkt werden.*	

I.2.2 Erarbeitungsmöglichkeiten

<table>
<tr><th>Erarbeitungsschritte</th><th>Medien</th></tr>
<tr><td colspan="2">Die aufgezeigte Problemfrage führt zu der Überlegung, daß sich Tiere auf den ersten Blick durch körperliche Merkmale unterscheiden, als wesentliches Kennzeichen jedoch hinzukommt, was Tiere "tun" und wie sie es "tun". Damit stoßen die Schüler auf den zentralen Sachverhalt "Verhalten eines Tieres". In der Regel kennen sie diesen Sachverhalt, zumindest ist ihnen der Begriff geläufig. Es ist daher durchaus zulässig, den zunächst von Schülern vorgebrachten Begriff aufzugreifen, anzuwenden und dann abschließend im gewünschten Sinne zu definieren.</td></tr>
<tr><td colspan="2">A. 1. Beobachtung von Verhalten</td></tr>
<tr><td>■ L-Impuls: "Wir wollen einen Goldhamster beobachten, um sein Verhalten kennenzulernen."</td><td>■ Material I./M 1 (Experiment): Beobachten eines Goldhamsters
Anmerkung: Material I./M 1 sollte den SuS an die Hand gegeben werden, bevor sie mit der Beobachtung der Tiere beginnen; es ist durchaus möglich, eine Lerngruppe von weniger als 25 SuS um eine Beobachtungskammer zu gruppieren.</td></tr>
<tr><td>■ Unterrichtsgespräch über das vom Goldhamster gezeigte Verhalten</td><td>■ Tafel: Ein Goldhamster in der Beobachtungskammer scharrt, läuft, richtet sich auf, arbeitet sein Fell mit den Zähnen durch.... (s. I.1.)</td></tr>
<tr><td>■ Unterrichtsgespräch: Definition des Begriffes Verhalten</td><td>■ Tafel: Unter Verhalten versteht man alle Bewegungen und Körperhaltungen eines Tieres.
Anmerkung: Diese Definition erscheint altersgemäß und von der Sache her auch dann vertretbar, wenn die durch Wachstumsvorgänge bewirkten Bewegungen nicht ausdrücklich erwähnt und als nicht zum Verhalten gehörig gekennzeichnet werden</td></tr>
<tr><td>■ SuS-Übung: Text mit Verhaltensbeschreibungen</td><td>■ Material I./M 2 (Materialgebundene Aufgabe) Beschreibung von Tieren - früher und heute.
Anmerkung: Dieses Material kann den SuS auch als Arbeitsblatt zur häuslichen Bearbeitung mitgegeben werden.</td></tr>
<tr><td>■ Unterrichtsgespräch: Gefahr von Vermenschlichungen bei der Beschreibung von Verhalten</td><td></td></tr>
<tr><td colspan="2">B. 1. Beobachten von Verhalten</td></tr>
<tr><td colspan="2">Die Problemfrage führt zu der Überlegung, daß sich junge und ältere Eichhörnchen auch darin unterscheiden, wie sie z.B. das Nistmaterial bündeln und zum Nest tragen. Dieses Merkmal "..wie sie Nistmaterial bündeln .." wird von den Schülern in der Regel als Verhalten eines Eichhörnchens gekennzeichnet. Mit diesem aus dem Vorunterricht oder aus dem außerschulischen Erfahrungsbereich der Schüler stammenden Begriff kann zunächst gearbeitet werden, ohne daß er an dieser Stelle definiert wird. Um das Verhalten von Tieren kennenzulernen, muß man sie beobachten. Dies ist bei einem Eichhörnchen sehr schwierig, mit schulischen Mitteln kaum möglich. Daher wird die Aufmerksamkeit der Lerngruppe auf ein anderes, leichter zu beobachtendes Tier gelenkt (an dem dann zu einem späteren Zeitpunkt - in der UE "Erlerntes Verhalten" - eben auch Lernvorgänge zu beobachten sind):</td></tr>
<tr><td>■ L: "Wir wollen einen Goldhamster beobachten, um sein Verhalten kennenzulernen" ... (weiter wie in A.1.)</td><td></td></tr>
<tr><td colspan="2">A./B. 2. Schlüsselreize lösen Instinkthandlungen aus</td></tr>
<tr><td colspan="2">Nachdem deutlich geworden ist, daß Tiere Verhalten zeigen, liegt die Frage nach dem Zustandekommen (in der ethologischen Fachsprache müßte man besser von Auslösbarkeit des Verhaltens sprechen) auf der Hand. Es kann in diesem Zusammenhang nicht um die Problematik einer Unterscheidung zwischen spontanen und durch einen Reiz ausgelösten Verhaltensweisen gehen).</td></tr>
<tr><td>■ L-Impuls: "Wie kommt es zu einer Verhaltensweise?"</td><td>■ ggf. Tafel</td></tr>
</table>

Erarbeitungsschritte	Medien
■ Demonstrationsexperiment: Auslösung des Kampfverhaltens bei Kampffischen	■ Material I./M 3 (Experiment): Auslösung des Kampfverhaltens bei Kampffischmännchen (Materialbedarf s. dort) ***Anmerkung:*** *Die in Südostasien beheimateten Kampffische gehören zu den Labyrinthfischen. Unsere Aquarienkampffische sind eine Zuchtform mit besonderer Färbung, Flossengröße und besonderem Kampfverhalten. Häufig gelingt es, zwei oder drei Männchen aus einer Zoohandlung zu entleihen. Andernfalls wird man die Tiere für 6-10 DM kaufen müssen.*
■ Unterrichtsgespräch: Kennzeichnung einer Instinkthandlung; Auslösung von Instinkthandlungen durch Schlüsselreize; Verwendung von Attrappen. ***Alternativ:*** *Sollte die Möglichkeit, mit Kampffischen zu arbeiten, nicht gegeben sein, so sei als nichtexperimenteller Weg der über das Fütterungs- bzw. Bettelverhalten von Silbermöwen bzw. Silbermöwenküken vorgeschlagen:*	■ Tafel
■ L führt Film zum Verhalten von Silbermöwen beim Schlüpfen der Jungen vor	■ IWF-Film E 1393: *Larus argentus* (Laridae) Verhalten der Eltern beim Schlüpfen der Jungen
■ Unterrichtsgespräch: Inhaltliche Erfassung des Films	
■ L-Vortrag: "Das Verhalten von Silbermöwenjungen bei der Fütterung ist besonders gut untersucht, dies ist das Verdienst des Verhaltensforschers *N. Tinbergen.....*" a) Vorstellen der Pickreaktion der Möwenjungen b) Einführung in die Methodik von Attrappenversuchen	■ Material I./M 4 (Materialgebundene Aufgabe) "Attrappenversuche mit Silbermöwenküken"
■ SuS bearbeiten Arbeitstransparent mit Untersuchungsergebnissen zur Auslösung der Pickreaktion bei Silbermöwenküken	■ Arbeitstransparent 1 (Medientasche): Attrappenversuche mit Silbermöwenküken sowie das Material I./M 4 (s. Quellenhinweis auf S. 14)
■ Unterrichtsgespräch: Kennzeichen einer Instinkthandlung; Auslösung von Instinkthandlungen durch Schlüsselreize	■ Tafel
A./B. 3. Reiz-Reaktionskette	
Nachdem nun herausgearbeitet worden ist, daß einzelne Instinkthandlungen durch spezifische Reize, nämlich durch Schlüsselreize ausgelöst werden können, geht es nun um die Frage, wie so komplizierte Abläufe wie die beim Balzverhalten zustande kommen.	
■ L projiziert Film zum Paarungsverhalten bei Erdkröten	■ IWF-Film C 628: Paarungsbiologie der Anuren (Erdkröte, Laubfrosch). ***Anmerkung:*** *Der ganze Film dauert immerhin 11 Minuten, der Fachlehrer sollte sich daher auf eine ausgewählte Darbietung des Paarungsverhaltens bei Erdkröten beschränken. Es sollte darauf geachtet werden, daß die anschließende Szene, in der sich Grasfroschmännchen und ein Erdkrötenweibchen verpaaren, nicht gezeigt wird.*
■ Unterrichtsgespräch: Versuch einer Analyse des Paarungsverhaltens	
■ L teilt Arbeitsblätter mit einer Beschreibung des Paarungsverhaltens bei Erdkröten aus	■ Material I./M 5 (Materialgebundene Aufgabe): "Paarungsverhalten bei Erdkröten"
■ Unterrichtsgespräch: Prinzip und biologische Bedeutung einer Reiz-Reaktionskette	■ Tafel

Erarbeitungsschritte	Medien
A./B. 4. Kaspar-Hauser-Versuche	
Nun soll die möglicherweise schon an früherer Stelle von Schülern angesprochene Frage, ob das beobachtete Verhalten angeboren oder erlernt sei, aufgegriffen und geklärt werden. Es erscheint sinnvoll, noch einmal ein lebendes Tier in seiner besonderen Verhaltenscharakteristik vorzustellen und daran die Frage nach der genetischen Komponente sowie einer Überprüfbarkeit einer solchen Bedingtheit aufzuhängen.	
■ Demonstrationsexperiment: Das Verhalten eines Hamsters auf freier Fläche und an einer Wand wird beobachtet.	■ Material I./M 6 (Experiment): "Hamster an der Wand" (Materialbedarf s. dort)
■ Unterrichtsgespräch: Auswertung der protokollarisch erfaßten Beobachtungen	■ Tafel
■ L-Mitteilung: "Das von Euch beobachtete Verhalten gilt auch für die anderen Goldhamster der Art Goldhamster"	
■ Unterrichtsgespräch: Kennzeichnung einer Instinkthandlung als arttypisch; Instinkthandlungen sind angeboren.	■ Tafel
■ L-Impuls: Wie läßt sich überprüfen, ob eine Verhaltensweise angeboren ist?	■ Material I./M 7 (Materialgebundene Aufgabe): "Kaspar-Hauser-Versuch"
A./B. 5. Antrieb für Instinkthandlungen	
Bisher wurde erarbeitet, daß die Intensität / Stärke / Wahrscheinlichkeit des Auftretens einer Instinkthandlung von der Spezifität des dazugehörigen Schlüsselreizes abhängt. In diesem Unterrichtsschritt geht es darum, die Bedeutsamkeit des inneren Faktors "Antrieb" (hier synonym zu verwenden: Triebstärke, Motivation, Bereitschaft) aufzuzeigen.	
■ L projiziert Filmszene, in der ein Stichlingsmännchen seinem Spiegelbild droht.	■ FWU-Film 360064: Zwei Schlüsselreize bei Stichlingen. ***Anmerkung:*** *Hier sollte nur die erste Phase (Drohverhalten des Männchens gegenüber dem eigenen Spiegelbild) vorgeführt werden; die nachfolgenden Szenen beziehen sich auf das Paarungsverhalten bei Stichlingen.*
■ Unterrichtsgespräch: Analyse der Verhaltensweise	■ Tafel: Eine bewegte Stichlingsattrappe mit einem roten Bauch löst Angriffsverhalten bei einem Stichlingsmännchen aus; der rote Bauch und die Bewegung sind Schlüsselreize für die Instinkthandlung "Angreifen" ***Anmerkung:*** *Im Zuge einer didaktischen Reduktion kann hier nicht differenziert werden zwischen verschiedenen Elementen des Verhaltenskomplexes "Angreifen".*
■ L teilt Arbeitsblätter mit Untersuchungsergebnissen zum Kampfverhalten bei Stichlingen aus.	■ Material I./M 8 (Materialgebundene Aufgabe): "Kampfbereitschaft bei Stichlingen"
■ Unterrichtsgespräch: Kampfbereitschaft (Motivation für Kampfhandlungen) als Voraussetzung für das Zustandekommen der Instinkthandlung "Angreifen"; Verallgemeinerung des Motivationsbegriffs.	■ Tafel

Erarbeitungsschritte	Medien
A./B. 6. Hydraulisches Instinktmodell	
■ L fordert SuS auf, nun noch einmal die Bedingungen für das Zustandekommen einer Instinkthandlung zu nennen.	■ Tafel: Welche Bedingungen müssen erfüllt sein, damit eine Instinkthandlung zustande kommt?
■ Unterrichtsgespräch mit ausgeprägt wiederholenden Momenten	■ Tafel: Bedingungen für das Zustandekommen einer Instinkthandlung: 1. Schlüsselreiz 2. Bereitschaft (Motivation)
■ L projiziert hydraulisches Modell	■ Material I./M 9 (AMA): "Das hydraulische Instinktmodell" ***Anmerkung:*** *Zunächst wird lediglich das rein hydraulische Modell vorgestellt und (möglicherweise im Unterrichtsgespräch) erläutert; die Übertragung auf den Sachverhalt "Auslösung einer Instinkthandlung" sollen die SuS leisten.*
■ L teilt Arbeitsblatt mit dem hydraulischen Modell aus und fordert dazu auf, dieses Modell auf die Auslösung einer Instinkthandlung zu übertragen.	■ Material I./M 9 (Materialgebundene Aufgabe): "Das hydraulische Instinktmodell"
■ Unterrichtsgespräch: Besprechung der Arbeitsergebnisse; hydraulische und ethologische Momente werden einander gegenübergestellt.	■ Tafel

Quellenhinweis zu Arbeitstransparent 1:

Silbermöwe (Foto: *Hans Dieter Brandel* / OKAPIA)

I. / M 1	Beobachten eines Goldhamsters	EXPERIMENT

Arbeitsmaterial:

Versuchsprotokoll

Thema: Verhaltensweisen beim Goldhamster

Material und Geräte: Erwachsener Goldhamster; Beobachtungskammer (Karton mit den Maßen von ca. 20 cm x 20 cm, auch ein Kleinsäugerkäfig vergleichbarer Größe ist geeignet); Einstreu (Papierschnitzel, Sand oder Sägespäne).

Durchführung: Der Goldhamster wird in die Beobachtungskammer gesetzt, sein Verhalten wird 10 Minuten lang beobachtet, d.h. seine Bewegungen und Körperstellungen. Zur Auslösung des Putzverhaltens kann man das Tier mit ein wenig Wasser besprühen.

Die Beobachtungen zum Verhalten des Goldhamsters werden in der nachfolgenden Tabelle festgehalten. Dazu wird jedes Auftreten der in der Tabelle vermerkten Verhaltensweisen mit einem senkrechten Strich markiert. Weitere, in der Tabelle nicht aufgeführte Verhaltensweisen, werden notiert.

Art des Verhaltens	*Häufigkeit des Verhaltens*
A Ablecken und Einspeicheln	
B Durcharbeiten des Fells mit den Zähnen	
C Abwechselnd mit den Vorderpfoten putzen	
D Gleichzeitig mit beiden Vorderpfoten putzen	
E Kratzen mit einem der beiden Hinterbeine	
F Koten	
G Laufen	
H Aufrichten	
I Scharren	
K	
L	
M	
N	
O	

Aufgabe:

Vervollständige das Versuchsprotokoll!

I. / M 2	Beschreibung von Tieren — früher und heute	Materialgebundene AUFGABE

Arbeitsmaterial:

"*Brehms* Tierleben" (1886): "... Was treibt dieser fahrende Ritter, dieser verschmitzte Bursche die ganze Brutzeit hindurch? Von Baum zu Baum, von Busch zu Busch schweifend ergattert er die Nester, säuft er die Eier aus, verschlingt er die nackten Jungen mit Haut und Haar und hascht und zerfleischt er die ausgeflogenen Gelbschnäbel, welche noch unbeholfen und ungewitzt ihn zu nahe kommen lassen. Der Sperber und die drei Würger unserer Wälder sind zwar ebenfalls schlimme Gesellen, aber sie zusammen hausen noch lange nicht so arg unter den Sängern des Waldes wie der Häher. Er ist der Neunmalneuntödter, der Würger in des Wortes eigentlicher Bedeutung. Wo dieser Strauchmörder überhand nimmt, da ist an ein Aufkommen der Brut durchaus nicht mehr zu denken...".

O. Heinroth: "Die Vögel Mitteleuropas I" (1924): "...Durch sein papageiartiges, kreischend-rätschendes Geschrei, von dem offenbar das Wort Häher stammt, das deshalb auch mit ä und nicht mit e geschrieben werden muß, macht er auf sich aufmerksam. Es stellt einen Schrecklaut dar. Dieses laute Rätschen veranlaßt auch andere Tiere zu sichern. Er ist dem Jäger deshalb verhaßt, weil das Wild dann leicht mißtrauisch und flüchtig wird. Natürlich ist man nun nicht zu der Annahme berechtigt, daß der Häher mit Absicht die anderen Waldbewohner warnt, sondern er gibt wohl seiner eigenen Erregung Ausdruck und diese teilt sich den übrigen mit: Was sollte er auch davon haben, daß der Mensch einen Rehbock schießt?...".

D. Goodwin: "Some Aspekts of the Behavior of the Jay" (1961): Nahrungsliste, die man zusammenstellt, ist irreführend. Erwachsene englische Eichelhäher fressen hauptsächlich Eicheln. Sie werden von den Eichen abgepflückt, solange sie noch grün sind. Sie bilden den Hauptanteil der Nahrung im Herbst und Winter und werden auch vielfach noch im März und April in größerer Anzahl verzehrt.... (Dieser Text stellt eine Übersetzung des in Englisch abgefaßten Originaltextes dar).

Aufgaben:

Vergleiche die drei Texte unter Berücksichtigung folgender Gesichtspunkte:

a) Textaussagen gehen auf eine genaue Beobachtung zurück;

b) es werden vermenschlichende Formulierungen verwendet!

I. / M 3	Auslösung des Kampfverhaltens bei Kampffischmännchen	EXPERIMENT

Arbeitsmaterial:

Versuchsprotokoll

Thema: Kampfverhalten bei Kampffischmännchen

Material und Geräte: 2 Kampffischmännchen (gleich groß und gleich gefärbt); 2 gleich große Aquarien (20 l); 1 Stück Pappe (in der Größe der Aquarienstirnseite); 1 Spiegel (von der halben Größe der Stirnseite des Aquariums); farbiges Plastilin; 2 Drahtstücke (Länge: 20 cm, Stärke: ca. 3 mm).

Durchführung:

A. Untersuchung mit zwei Kampffischmännchen: Die beiden Aquarien werden mit der Stirnseite aneinander gestellt, dazwischen wird das Stück Pappe geklemmt. Dann setzt man die Fische in je ein Aquarium. Nach einer Eingewöhnungszeit von 3 Minuten wird die Sichtblende zwischen den beiden Aquarien entfernt. Das Verhalten der Fische wird über einen Zeitraum von 10 Minuten beobachtet. Danach wird die Sichtblende wieder aufgestellt, die beiden Kampffischmännchen werden 5 Minuten in Ruhe gelassen.

B. Untersuchung mit einem Spiegel: Zwischen die Sichtblende und die Wand eines Aquariums wird der Spiegel so geschoben, daß die Spiegelfläche zum Aquarium zeigt. Das Verhalten des Kampffischmännchens wird 10 Minuten lang beobachtet. Es ist auch auf das Kampffischmännchen im benachbarten Aquarium zu achten. Dann wird der Spiegel entfernt, die Fische bleiben wieder 5 Minuten unbehelligt.

C. Untersuchung mit Attrappen: Aus dem farbigen Plastilin werden Nachbildungen (Attrappen) von Kampffischen geformt. Eine Attrappe entspricht in ihrer Farbe der eines Kampffischmännchens, eine andere Attrappe erhält eine deutlich abweichende Farbe. Jede Attrappe wird auf ein Drahtstück gespießt. Dann werden die Attrappen nacheinander für 5 Minuten in ein Aquarium gehalten und vorsichtig hin und her bewegt. In dem einen Aquarium sollte die Wirkung der Attrappe mit ähnlicher Färbung, in dem anderen die der Attrappe mit abweichender Färbung getestet werden.

Aufgabe:

Führe die beschriebenen Untersuchungen durch und vervollständige das Versuchsprotokoll (Beobachtung, Auswertung)!

I. / M 4	Attrappenversuche mit Silbermöwenküken	Materialgebundene AUFGABE

Arbeitsmaterial:

Silbermöwenküken sind Nesthocker. Die Elternvögel würgen das zur Fütterung mitgebrachte Futter hervor, dann halten sie dem Küken das Futter mit dem Schnabel hin. Wenn das Junge nun an die Schnabelspitze des Elternvogels pickt, erhält es das angebotene Futter.

Der Verhaltensforscher *N. Tinbergen* untersuchte, welches Merkmal des elterlichen Kopfes Schlüsselreiz für die Pickreaktion der Möwenküken ist. Mit Attrappen testete er frisch geschlüpfte Silbermöwenküken, bevor sie das erste Mal von ihren Eltern gefüttert worden waren. Er begann jeden Test damit, daß er dreimal den elterlichen Fütterungslaut nachahmte. Dann bewegte er für 30 Sekunden die Attrappe langsam vor dem Möwenküken hin und her. Der Forscher zählte, wie häufig das Möwenküken während dieser 30 Sekunden gegen die Attrappe pickte. Dann wurde der Test mit einem anderen Möwenküken wiederholt. Während dieser Zeit konnte sich das zuvor getestete Möwenküken vom Test "erholen", bis ihm in weiteren Tests andere Attrappen hingehalten wurden. Auch bei diesen Tests wurde die Anzahl der Pickreaktionen gezählt und in einem Versuchsprotokoll festgehalten.

Tinbergen testete so eine Vielzahl von Silbermöwenküken mit verschiedenen Attrappen. Die Ergebnisse dieser Untersuchungen sind auf dem projizierten Arbeitstransparent festgehalten. Dabei wurde die Pickhäufigkeit gegenüber einem "normalen" (naturgetreu nachgebildeten) Möwenkopf gleich 100 gesetzt. Der Wert 25 für eine Attrappe mit weißem Kopf, gelbem Schnabel, ohne Fleck bedeutet, daß eine solche Attrappe nur 25 % der Pickreaktionen auslöste, die ein "normaler" Möwenkopf hervorrief.

Quelle: *Bunk, G.* und *Tausch, J.*: Grundlagen der Vererbung, S. 20. G. Westermann Verlag, 1975.

Aufgaben:

a) Nenne das Merkmal, das in den Testgruppen verändert wurde!

b) Welche Merkmale sind besonders wirksam? (Es ist dabei zu beachten, daß Unterschiede von bis zu 10 % als zufällige Schwankungen zu bewerten sind.)

I. / M 5	Paarungsverhalten bei Erdkröten	Materialgebundene AUFGABE / AMA

Arbeitsmaterial:

Erdkrötenmännchen reagieren während der Paarungszeit, in der Zeit von März bis April, auf alles Bewegte, indem sie es umklammern. Erscheint ein Weibchen, umklammert das Männchen das Weibchen von hinten mit den Vorderbeinen (Abb. 1).

Nun nimmt das Weibchen eine sogenannte Signalstellung ein, indem es den Rücken nach unten durchbiegt. Das Männchen reagiert darauf, indem es nach hinten rutscht und über der Kloakenöffnung des Weibchens mit den Hinterbeinen ein sogenanntes Körbchen bildet (Abb. 2). Das Weibchen laicht nun ab. Danach besamt das Erdkrötenmännchen die austretenden Eier.

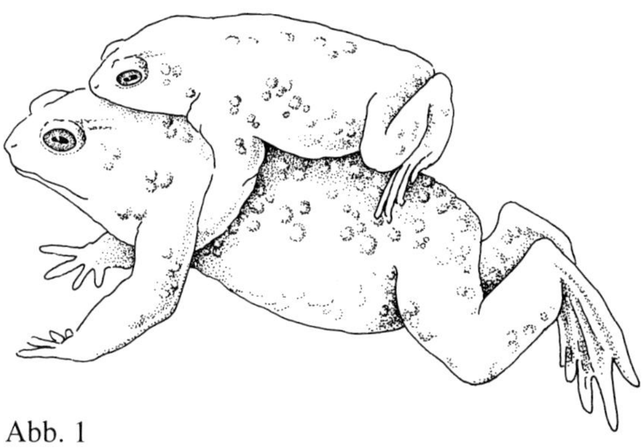

Abb. 1

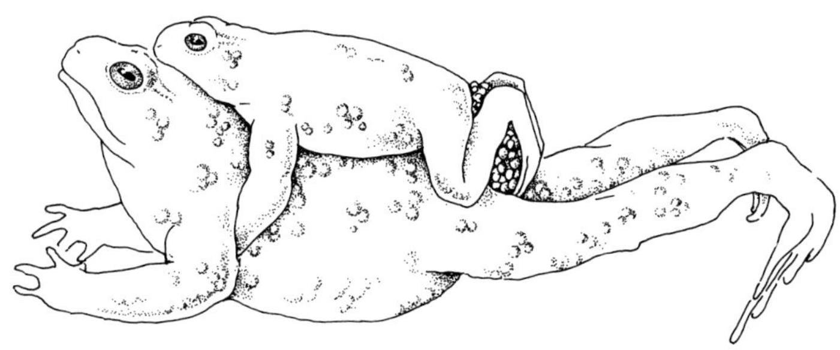

Abb. 2

Quelle: *Eibl-Eibesfeldt, I.*: Grundriß der vergleichenden Verhaltensforschung, S. 243. R. Piper Verlag, 1978

Aufgabe:

Vervollständige folgendes Reiz-Reaktionsschema zum Paarungsverhalten von Erdkröten! Nimm dann Stellung zu der Frage, ob ein Erdkrötenmännchen auch eine bewegte Krötenweibchenattrappe aus Kunststoff besamen würde!

Erdkrötenmännchen		*Erdkrötenweibchen*
	←	erscheint
1.	→	2
3.	←	
	→	4
5	←	

I. / M 6	Hamster an der Wand	EXPERIMENT

Arbeitsmaterial:

Versuchsprotokoll

Thema: Aufenthaltsbereich eines Hamsters

Material und Geräte: Wandarena: Tisch oder Platte in den Maßen von ca. 100 cm x 100 cm, an drei Seiten durch eine 10 cm hohe Wand begrenzt (dafür kann man 20 mm starke Spanplatten beim Fachhandel zuschneiden lassen), die Bodenfläche selbst wird in 100 gleich große Felder unterteilt, die an die Seitenwände angrenzenden Felder (schraffiert) gehören dem *Wandbereich* an, die Felder der vorderen Plattenseite (punktiert) gehören zum *Randbereich*, die restlichen Felder machen den *Innenbereich* aus; Hamster (dem während der vorangegangenen 12 Stunden lediglich Wasser angeboten wurde).

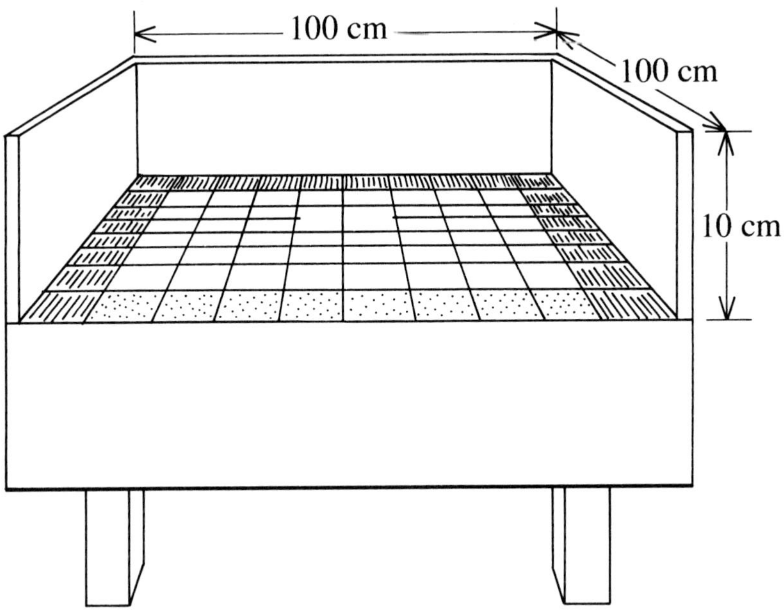

Quelle: *Gattermann, R.*: Verhaltensbiologisches Praktikum. Aulis Verlag Deubner & Co KG, Köln, 1990

Durchführung: Der Hamster wird auf ein Feld im mittleren Innenbereich gesetzt, dort kann er sich 2-3 Minuten lang eingewöhnen. Dann wird sein Aufenthaltsort während der nächsten 5 Minuten bestimmt. An dieser Ortsbestimmung sind 3 Schüler beteiligt. Ein Schüler verfolgt den Sekundenzeiger einer Stopp- oder Armbanduhr und ruft alle 5 Sekunden: "Jetzt". Ein weiterer Schüler beobachtet, in welchem Bereich sich der Hamster zu diesem Zeitpunkt ("Jetzt") gerade aufhält, und teilt dies einem dritten Schüler mit. Dieser hält die Beobachtung in einem Versuchsprotokoll fest (hier empfiehlt sich eine Strichliste).

Aufgaben:

a) Notiere deine Beobachtungen!

b) Entwickle eine Hypothese zur Erklärung der Beobachtungsergebnisse!

c) Wie kann man bei der Auswertung der Tatsache Rechnung tragen, daß die drei Beobachtungsbereiche unterschiedlich groß sind?

I. / M 7	**KASPAR-HAUSER-Versuch**	**Materialgebundene AUFGABE**

Arbeitsmaterial:

Die Wölfin eines Wolfsgeheges hat vier Junge zur Welt gebracht, drei Rüden und ein Weibchen. Während der Zeit vor und nach der Geburt ist die Wölfin sehr aggressiv, sie läßt niemanden an ihre Jungen heran. Mit viel List gelingt es dann doch, die Wölfin in ein Nebengehege zu locken und dieses dann mit Hilfe einer Falltür vom Hauptgehege zu trennen. Ein Mitarbeiter eines Instituts für Zoologie kann nun zu der Höhle, in der die Wölfin ihre Jungen geboren hat und danach versorgt, eilen und ein Wolfsjunges entnehmen. Dieses Tier wird in einen Wärmekasten gesetzt und bis etwa zur zehnten Lebenswoche mit Hilfe einer Flasche gesäugt, danach muß es feste Nahrung wie z.B. kleine Fleischbrocken zu sich nehmen. Der Wissenschaftler achtet sorgfältig darauf, daß das Wolfsjunge keinen Kontakt zu anderen Wölfen hat. Es lebt von seinen Artgenossen isoliert und kann somit nicht mit ihnen spielen, sich nicht mit ihnen auseinandersetzen und nicht von ihnen lernen. Ein so aufgezogenes Wolfsjunges kann also keine Erfahrungen im Zusammenleben mit seinen Artgenossen machen; in der Verhaltenslehre spricht man daher von einer Aufzucht unter Erfahrungsentzug oder auch von einem *Kaspar-Hauser*-Versuch (Kaspar Hauser ist der Name eines Findelkindes, das Anfang letzten Jahrhunderts eingesperrt und somit völlig isoliert von anderen Menschen aufwuchs. Erst im Jünglingsalter wurde es in die menschliche Gesellschaft aufgenommen).

Im Alter von 6 Monaten wird der "Kaspar-Hauser-Wolf" in die Wolfsgruppe gesetzt, in der sich auch seine 3 Geschwister sowie seine Mutter aufhalten. Gespannt beobachtet der Wissenschaftler, wie sich der Jungwolf verhält, wenn er von einem erwachsenen, ranghöheren Wolf angegriffen wird. Das Ergebnis ist überraschend: Der angegriffene Jungwolf wirkt ängstlich; die Beine sind eingeknickt, seine Körperhaltung wirkt geduckt, der Schwanz ist zwischen den Beinen eingeklemmt, die Ohren sind zurückgelegt, die Mundwinkel sind weit nach hinten gezogen. Damit zeigt der "Kaspar-Hauser-Wolf" genau das Verhalten, das man auch bei normal aufgewachsenen Wölfen beobachten kann, wenn sie von einem überlegenen Artgenossen angegriffen werden.

Aufgaben:

a) Was versteht man unter einem Kaspar-Hauser-Versuch?

b) Welche Folgerungen lassen sich aus dem beschriebenen Kaspar-Hauser-Versuch mit einem Jungwolf ableiten?

c) Warum verbieten sich Kaspar-Hauser-Versuche am Menschen?

I. / M 8	**Kampfbereitschaft bei Stichlingen**	**Materialgebundene AUFGABE**

Arbeitsmaterial:

Im Frühjahr sondern sich die Stichlingsmännchen nach und nach aus den Stichlingsschwärmen ab, um ein eigenes Revier zu suchen und abzugrenzen. Während dieser Zeit wandelt sich ihre sonst grünlich-graue Färbung zu einem Vorhochzeitskleid: Die Bauchseite ist intensiv rot gefärbt, die Augen erscheinen leuchtend blau. Das eingenommene Revier wird gegen Eindringlinge heftig verteidigt. Dringt ein fremdes Stichlingsmännchen, ebenfalls mit einem roten Bauch des Vorhochzeitskleides ausgestattet, in das Revier ein, so wird es vom Revierinhaber angegriffen. Die Häufigkeit der Angriffe auf den Eindringling kann sehr unterschiedlich sein. Wovon hängt die Häufigkeit der Revierverteidigung ab?

In zwei Versuchsreihen ging man dieser Frage nach. In der Versuchsreihe I (Versuch a und b) wurden unterschiedlich gestaltete Attrappen in das Revier von Stichlingsmännchen gebracht, die 2 Tage lang nicht um ihr Revier gekämpft hatten. Die Versuchsreihe II (c, d und e) verwendete einen einheitlichen Attrappentyp mit rotem Bauch; bei den Revierinhabern handelte es sich um Stichlingsmännchen, die vor Versuchsbeginn häufig in Revierkämpfe verwickelt waren:

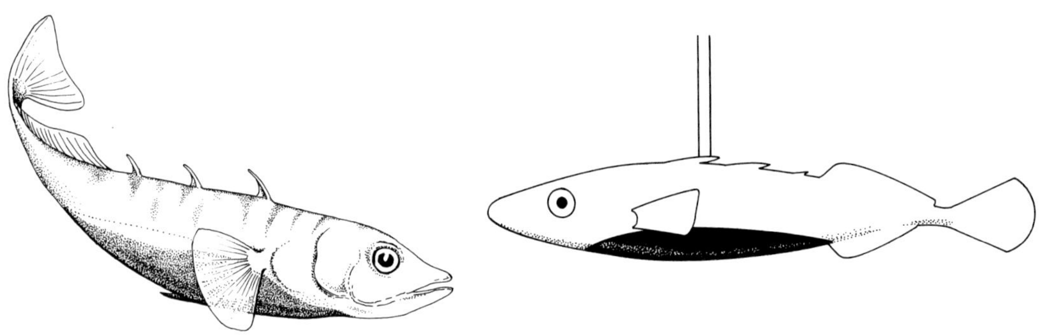

	Revierinhaber	*Attrappe*	*Häufigkeit der Kämpfe*
I a.	seit Tagen ohne Revierkämpfe	mit kräftig rotem Bauch, bewegt	groß
I b.	seit Tagen ohne Revierkämpfe	mit blaßrotem Bauch, bewegt	groß
II a.	in den letzten Stunden in zahlreiche Revierkämpfe verwickelt	mit kräftig rotem Bauch, bewegt	gering
II b.	in den letzten Stunden in Revierkämpfe verwickelt	mit kräftig rotem Bauch, bewegt	mittelgroß
II c.	in den letzten Stunden in wenige Revierkämpfe verwickelt	mit kräftig rotem Bauch, bewegt	groß

Aufgaben:

a) Fasse die experimentellen Befunde zusammen!

b) Erkläre die Befunde der Versuchsreihe I!
Entwickle eine Hypothese zur Erklärung der Befunde aus der Versuchsreihe II!

I. / M 9	Das hydraulische Instinktmodell	Materialgebundene AUFGABE / AMA

Arbeitsmaterial:

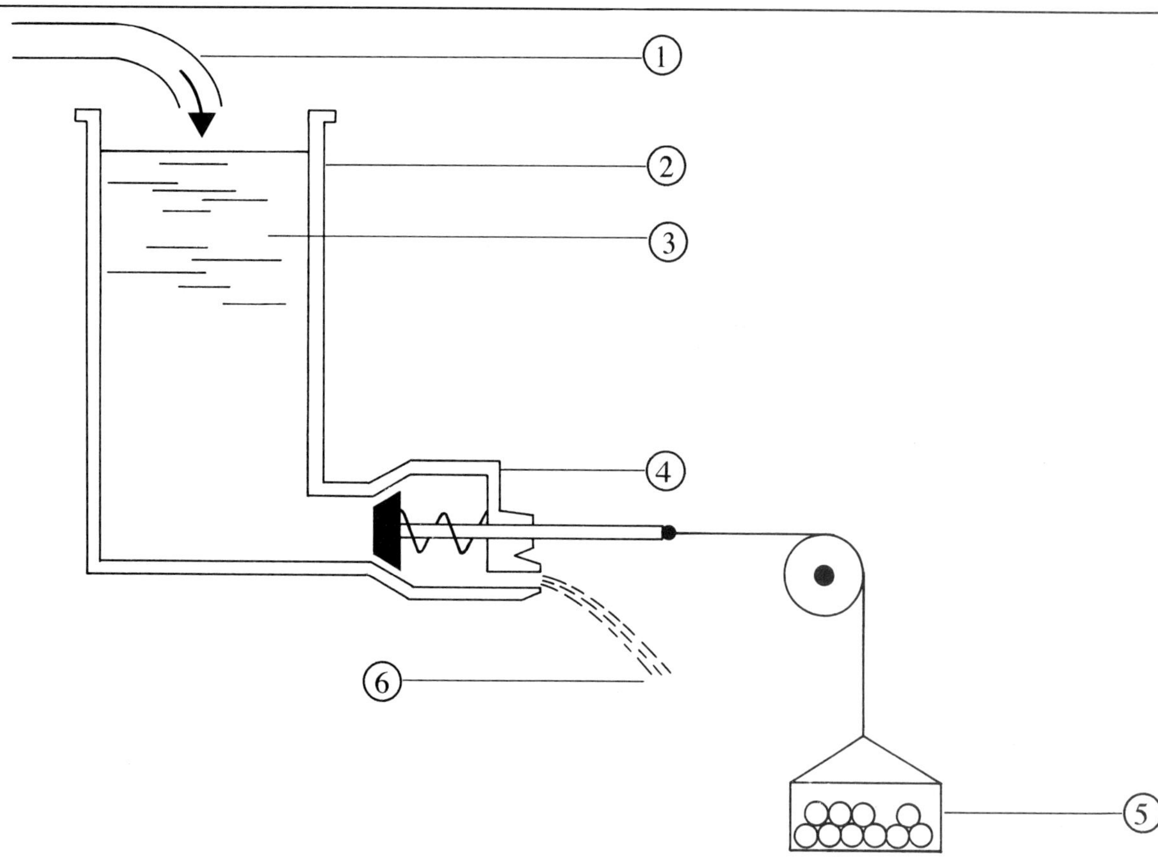

In einen Behälter (2) fließt laufend Wasser nach (1). Dieses Wasser drückt infolge der Schwerkraft auf den Stempel eines Ventils (4). An dem Stempel zieht — über eine Rolle gelenkt — ein Gewicht (5). Durch den Druck des Wassers und den Zug des Gewichts kann der Druck der Feder im Ventil überwunden werden, so daß der Stempel nach rechts bewegt wird. Nun kann Wasser aus dem Behälter ausfließen (6).

Aufgaben:

a) Ergänze folgende Aussage zum Verständnis des Modells: "Wenn sich wenig Wasser im Tank befindet, muß das Gewicht ______________________ sein, damit das Ventil geöffnet werden und Wasser ausfließen kann."!

b) Vervollständige folgende Tabelle:

Ziffer in der Abbildung	Teil des hydraulischen Modells	biologischer Sachverhalt
1	Zufluß von Wasser	trieberhöhende Faktoren
2	Behälter	
3		
4		
5		
6		

I.2.3 Lösungshinweise zu den Aufgaben der Materialien

I. / M 1

K = Urinieren L = Schnuppern M = Aufnehmen von Einstreu

Anmerkung: *Dieses Experiment hat im wesentlichen die Aufgabe, die Lerngruppe an die Methode des Beobachtens heranzuführen. Es soll erkannt werden, daß ein Tier (hier: Goldhamster) unterschiedliche Verhaltensweisen zeigt, die mit unterschiedlicher Häufigkeit auftreten.*

I. / M 2

zu a) Genaue Beobachtungen liegen allen drei Texten zugrunde. Es fällt allerdings auf, daß die "frühen" Texte verstärkt bewertende Aussagen einfließen lassen und (besonders bei *Brehm*) zu schnell zu Verallgemeinerungen kommen.

zu b) Besonders *Brehm* läßt wiederholt vermenschlichende Formulierungen einfließen, die letztlich auf eine moralisierende Beschreibung hinauslaufen. *Goodwin* dagegen beschränkt sich auf Aussagen, die auf reine Beobachtungen zurückgehen.

I. / M 3

Beobachtung *des Kampfverhaltens*:

Erblickt ein Kampffischmännchen einen Artgenossen, spreizt er Rücken-, After- und Schwanzflosse, gleichzeitig intensiviert sich seine Färbung, die Kiemendeckel werden in fast rechtem Winkel zum Körper gestellt. In dieser Haltung schwimmt er mit Hilfe der Brustflossen auf seinen Rivalen zu (man spricht von einem "Frontalimponieren"). Danach kommt es zu einem "Breitseitimponieren": Die Tiere stellen sich parallel zueinander, Kopf-an-Kopf, Schwanz-an-Schwanz. Durch kräftige Bewegungen der Schwanzflosse und des Körpers werden Druckwellen erzeugt. Die Tiere schwimmen dabei synchron vor- und rückwärts. Nach einem anschließenden "Seitlich-frontalen-Imponieren" setzen meistens, falls keiner der Rivalen flieht, Maulstöße mit geöffnetem Maul auf das Schwanzende oder die Kiemenregion des Rivalen ein. Dann kommt es zur Beschädigungsphase (die beiden Tiere sollten spätestens jetzt voneinander getrennt werden!), bevorzugt wird das Maulzerren, das mehrere Minuten dauern kann.

A. Da die beiden Tiere räumlich voneinander getrennt gehalten werden, wird das oben skizzierte Verhalten einschließlich des versuchten Maulstoßens zu beobachten sein. Die Tiere stellen ihre Kampfhandlungen ein, sobald die Sichtblende zwischen die beiden Aquarien geschoben worden ist.

B. Gegenüber seinem Spiegelbild zeigt ein Kampffischmännchen das Kampfverhalten, das auch bei A zu beobachten war. Häufig gewöhnen sich die Tiere allerdings nach 20 - 40 Minuten an ihr Spiegelbild und stellen dann ihre Kampfaktivität ein.

C. Die unähnliche Attrappe löst kein Kampfverhalten aus, im Einzelfall kommt es allerdings zu vereinzelten Aktionen. Mit der ähnlichen Attrappe lassen sich die unter A beschriebenen Verhaltenselemente hervorrufen.

Auswertung:

Das Verhalten bei beiden Tieren stimmt im wesentlichen überein, es liegt daher die Vermutung nahe, daß es sich um artspezifisches Verhalten, also um angeborenes Verhalten handelt. Die einzelnen Kampfformen sind als Instinkthandlungen zu kennzeichnen, die in relativ formstarrer Weise ablaufen.

Offensichtlich wird das Kampfverhalten durch den jeweiligen Rivalen (gleichgeschlechtlichen Artgenossen) ausgelöst. Dieser Rivale ist Träger der Schlüsselreize (des Schlüsselreizes), die die einzelnen Instinkthandlungen auslösen. Allerdings löst auch das Spiegelbild bzw. eine dem Original ähnliche Attrappe das Kampfverhalten aus. Dieser Sachverhalt ist eine Bestätigung der Annahme, daß es sich hier um instinktives Verhalten, also angeborenes Verhalten ohne Einsicht handelt.

I. / M 4

a) Testgruppe I: Veränderung des Schnabelflecks; Testgruppe II: Veränderung der Schnabelfarbe; Testgruppe III: Veränderung der Kopffarbe; Testgruppe IV: Veränderung der Schnabelform.

b) Besonders wirksam ist das Vorhandensein eines Schnabelflecks auf einem gelben Schnabel; mit Abstand übertrifft hier der gelbe Schnabelfleck die anderen Farbvarianten an Wirksamkeit.

Verzichtet man auf den Schnabelfleck, erweist sich ein roter Schnabel als besonders wirksam.

Bei gelbem Schnabel und rotem Schnabelfleck ist ein roter Kopf besonders wirksam.

Die Kopfform spielt offensichtlich keine große Rolle bei der Auslösung der Pickreaktion.

Eine Auswertung aller Befunde in der Originalarbeit allerdings liefert folgende auslösende Reizsituation: ein schmaler, durch Kontrast und Bewegung auffällig präsentierter Gegenstand.

I. / M 5

1. Männchen umklammert Weibchen mit den Vorderbeinen;
2. Weibchen nimmt Signalstellung ein: biegt Rücken nach unten durch;
3. Männchen rutscht nach hinten und bildet über der Kloakenöffnung des Weibchens einen "Korb";
4. Weibchen laicht ab;
5. Männchen besamt die austretenden Eier.

Die Frage ist zu bejahen.

I. / M 6

a) Der Hamster hält sich bevorzugt im Wandbereich auf, selten dagegen im Innenbereich.

b) Im Wandbereich findet der Hamster Sichtschutz und ist dort weniger gefährdet durch Freßfeinde (ökologische Erklärung). Es ist zu vermuten, daß dem Hamster dieses Verhalten - Bevorzugung des Wandbereichs - angeboren ist.

c) Man müßte die erhaltenen Aufenthaltswerte durch die Anzahl der Felder in den drei Bereichen dividieren.

I. / M 7

a) Aufzucht eines Tieres unter Erfahrungsentzug, d.h. Aufzucht nach Isolierung von Artgenossen.

b) Der Jungwolf zeigt in einer bestimmten Situation (Angriff durch einen erwachsenen, ranghöheren Wolf) ein spezifisches Verhalten, das auch bei anderen Jungwölfen in vergleichbaren Situationen beobachtet werden kann. Daher kann vermutet werden, daß es sich bei dem beobachteten Verhalten um angeborenes Verhalten, also um Instinkthandlungen handelt.

c) Beim Menschen verbieten sich Isolationsversuche aus ethischen Gründen, da mit schwerwiegenden psychischen Schäden der Betroffenen zu rechnen ist.

I. / M 8

a) Es kommt besonders häufig zu Kämpfen, wenn entweder der Revierinhaber in der dem Experiment vorausgehenden Zeit wenig gekämpft hat oder/und wenn der Bauch der Attrappe kräftig rot ist.

b) Versuchsreihe I: Der rote Bauch einer bewegten Attrappe ist offensichtlich Schlüsselreiz für das Auslösen einer Angriffsaktion. Ein kräftig roter Bauch ist offensichtlich spezifischer und daher wirkungsvoller als ein blaßroter Bauch. Versuchsreihe II: Hier spielt die Tatsache eine Rolle, ob der Revierinhaber vor der Testsituation häufig in Revierkämpfe verwickelt war oder nicht. Vorausgegangene Kämpfe senken offensichtlich die Bereitschaft, einen Rivalen (hier: Attrappe) anzugreifen. Die Bereitschaft für eine Instinkthandlung hängt wohl auch davon ab, wie häufig die Instinkthandlung zuvor abgelaufen ist.

Auf jeden Fall soll deutlich werden, daß die Handlungsbereitschaft nicht konstant ist.

Anmerkung: *Die Reizwertbestimmungen von* Tinbergen *und* Pelwijk *fassen die Ergebnisse eines Verhaltenspraktikums mit Studenten zusammen, sie sind keineswegs als systematisch durchgeführte und statistisch abgesicherte wissenschaftliche Untersuchung zu verstehen. In späteren Revisionsversuchen konnten die Ergebnisse sowohl bestätigt als auch widerlegt werden. Die Angriffshäufigkeit eines Stichlingsmännchens in seinem Revier hängt sehr wesentlich davon ab, in welcher Entfernung es sich von seinem Nest befindet. Zur Frage der Aufstaubarkeit von Motivation s. Anmerkung zu I./M 9.*

I. / M 9

a) ...muß das Gewicht *besonders groß* sein, damit das Ventil geöffnet..."

b)

1	Zufluß von Wasser	trieberhöhende Faktoren
2	Behälter	Teil des Nervensystems
3	Wasser	Triebstärke
4	Ventil	Auslösemechanismus
5	Gewicht	Schlüsselreiz
6	Ausfluß von Wasser	Instinkthandlung

Anmerkung: *Auf das Beschriftungselement 4 (AAM) könnte man verzichten. Schon seit längerer Zeit und insbesondere mit dem Fortschreiten der physiologischen Untersuchungen wird deutlich, daß sich Motivationsschwankungen (Schwankungen der Triebstärke) mit einem so einfachen Modell wie dem psychohydraulischen Instinktmodell von* K. Lorenz *nicht erklären lassen. Es ist daher wichtig, insbesondere im Zusammenhang mit aggressivem Verhalten, deutlich werden zu lassen, daß eine zwingende Aufstaubarkeit von Motivation (Triebstärke) für aggressives Verhalten wohl nicht gegeben ist.*

I.3 Medieninformation

I.3.1 Audiovisuelle Medien

FWU-Film 360063: Angeborenes und erlerntes Verhalten beim Eichhörnchen, 5 min, sw

Annotation: *Der Film zeigt ein Eichhörnchen beim Vergraben von Nüssen und Nistmaterial im Gehege. Dabei wird deutlich, daß der Trieb zu beiden Handlungen angeboren ist, die Fertigkeiten jedoch durch Üben erlernt werden müssen.*

Anmerkung: *Mit Hilfe dieses Films kann man gut in die Thematik "Angeboren - Erlernt" einsteigen, da wird man gern über die etwas antiquierte Schwarz-Weiß-Darstellung hinwegsehen.*

FWU-Film 360231: Attrappenversuche beim Kleiber, 5 min, f

Annotation: *Mit verschiedenen mehr oder weniger naturgetreuen Buntspechtattrappen wird untersucht, welche Signale bei einem brutpflegenden Kleiber die Verteidigung des Brutreviers gegen Nestfeinde hervorrufen. Dabei sind auch Übersprungshandlungen im Konflikt zwischen Angriffs- und Fluchtneigung zu beobachten.*

Anmerkung: *Dieser Film kann als Ergänzung zum Stichlingsfilm eingesetzt werden. Der Kleiber greift nur an, wenn ein ausgestopfter Buntspecht angeboten wird. Umrißattrappen sind nicht wirksam. Es wird also deutlich, daß nicht bei allen Tieren stark vereinfachte oder nur auf wenige Merkmale reduzierte Attrappen angeborenes Verhalten auslösen.*

FWU-Diareihe 102759: Laichwanderung der Erdkröte, 11 min, f

Annotation: *1. Erdkröte; 2. Lebensraum Wald; 3. Erdkröte kommt aus dem Winterversteck; 4. Paar wandert über Wiese;*

5. Laichplatz (Weiher); 6. Wartende Männchen im Tümpel; 7. Klammergriff des Männchens; 8. Ablaichen: Korbstellung; 9. Ablaichen: Laichpause; 10. Laichschnüre an Wasserpest; 11. Rückwandernde Kröten (Realaufnahmen)

FWU-Film 360251: Paarungsverhalten des Alpenmolchs, 5 min, f

Annotation: *Der Film zeigt die Kette der Instinkthandlungen beim Paarungsverhalten des Alpenmolchs (Bergmolchs). Zu sehen ist das Fixieren des Weibchens, das Absetzen der Spermatophore durch das Männchen infolge eines vom Weibchen ausgehenden Auslösers, sowie die Aufnahme dieses Samenpaketes durch das Weibchen.*

Anmerkung: *Zwar läßt sich anhand des Films eine Reiz-Reaktions-Kette nicht rekonstruieren (hier wäre sogar der Fachlehrer stark gefordert), aber gut ist erkennbar, daß das Paarungsverhalten einem formstarren Schema folgt und durch spezifische Reize ausgelöst wird. Darüber hinaus kann mit Hilfe dieses Films vermittelt werden, daß neben visuellen auch olfaktorische Reize für die Auslösung angeborener Verhaltensweisen verantwortlich sein können.*

IWF-Film C 628: Paarungsbiologie der Anuren (Grasfrosch, Erdkröte, Laubfrosch, Wasserfrosch) 11 min, sw

Annotation: *Grasfroschmännchen beim Auswandern, Rufen und Schwimmen, laichendes Grasfroschpaar, rufendes Erdkrötenmännchen, Anspringen und Umklammern eines Weibchens, Schwimmen des Paares, Laichakt. Auslösen der Umklammerung durch Attrappen, Verpaarung eines Grasfroschmännchens mit Erdkrötenweibchen, Auslösen der Abwehrbewegungen des Männchens. Balz, Paarung und Laichakt von Laub- und Wasserfroschpärchen. Vergleich von Rufweisen und Laichakten.*

Anmerkung: *Trotz der etwas überholten Schwarz-Weiß-Darstellung vermittelt dieser Film gute Einsichten u.a. in das Paarungsverhalten von Erdkröten bzw. in die zugrunde liegende Reiz-Reaktions-Kette.*

FWU-Film 3200641: Verhaltensweisen bei Tieren - Schlüsselreize beim Maulbrüter, 7 min, f

Annotation: *Der Film zeigt typische Verhaltensweisen eines Maulbrüters zur Paarungszeit. Durch Attrappenversuche erläutert, werden dabei Revierverteidigung, das Laichen, die Aufnahme der Eier im Maul und die Brutpflege, welche nur durch das Weibchen erfolgt, dargestellt.*

Anmerkung: *Dieser Film kann alternativ zum Stichlingsfilm (FWU-Film 360064: Zwei Schlüsselreize bei Stichlingen) eingesetzt werden, um zur Thematik angeborenes Verhalten / Schlüsselreiz / Attrappenversuche hinzuführen.*

FWU-Film 360064: Zwei Schlüsselreize bei Stichlingen, 4 min, f

Annotation: *Der Film zeigt das Drohverhalten des Männchens gegenüber dem eigenen Spiegelbild, die Wirkung einer weiblichen Attrappe und das Paarungsverhalten des Stichlings (Zick-Zack-Tanz) mit und ohne Attrappe.*

Anmerkung: *Der Film ist geeignet, in die Methodik der Attrappenversuche einzuführen, die Ergebnisse sind eindeutig und für Schüler der Sek. I gut verständlich und erklärbar. Der Sachverhalt der Reiz-Reaktions-Kette läßt sich anhand dieses Streifens allerdings nicht erarbeiten.*

IWF-Film E 1509: Larus hyperboreus (Laridae) - Füttern größerer Jungvögel, 6 min, f

Annotation: *Eismöwenpaar am Brutplatz auf einer Felszinne beim Füttern der sechs Wochen alten Jungen. Verjagen eines Eindringlings, Betteln der Jungvögel, Elterntiere beim Herauswürgen der Nahrung auf den Boden, Aufnahme der Nahrung, Streit um einen großen Nahrungsbrocken.*

Anmerkung: *Mit diesem Film läßt sich das Bettelverhalten der Jungvögel sowie das anschließende Herauswürgen der Nahrung durch das Elterntier zeigen. Obwohl es sich hier um Eismöwen handelt, können die gezeigten Szenen als Einstieg in die Analyse der Auslösbarkeit des Pickverhaltens bei Silbermöwenküken herangezogen werden.*

IWF-Film E 1392: Larus argentus (Laridae) - Verhalten der Eltern beim Schlüpfen der Jungen, 2,5 min, sw

Annotation: *Silbermöwe. Brüten und Hudern einer adulten Möwe, Schlüpfen eines Jungvogels, Forttragen der Eischale.*

IWF-Film C 593: Netzbau einer Kreuzspinne, 11 min, sw

Annotation: *Das Grundgerüst eines Spinnennetzes besteht aus prim. Rahmenfäden, von denen Radialfäden zu einer zentralen Nabe verlaufen. Stabilisiert wird dies durch eine Befestigungsspirale, die in eine Hilfsspirale übergeht. Peripher verläuft eine Klebespirale. Bau und Abbau des Netzes. Zeitdehnung.*
Anmerkung: *s. Klettfilm 99895*

Klettfilm 99895: Spinnen eines Radnetzes, 4,5 min, f

Filmablauf:

- Faden schießende Spinne (Gasteracentha), Strammziehen und Befestigung des Fadens an der Unterlage
- Ziehen eines weiteren Fadens von der Mitte aus
- Spannen der übrigen Radien (Speichen) in regelloser Folge
- Ziehen der Rahmenfäden nach Bedarf
- Vervollständigung des gesamten Speichenrades
- Anlegen eines lockeren Gewebes (Nabe)
- Einbau einer weitläufigen Hilfsspirale vom Zentrum aus
- Bau der Hilfsspirale in Zeitraffung
- Anlegen einer Klebespirale von außen nach innen in engen Windungen, in normaler Geschwindigkeit und in Zeitraffung
- Prüfen der Fadenspannung in der Nabe.

Anmerkung: *Beide Filme zeigen in Realaufnahmen und in Zeitdehnung (IWF-Film) bzw. Zeitraffung (Klett-Film) den Bau eines Spinnennetzes und können somit als Ergänzung zu den Netzbauuntersuchungen an der Sektor-Netzspinne* Zygiella *eingesetzt werden.*

I.3.2 Zeitschriften

Bergmann, H.-H.: Über die Verwendung des Kampffisches (Betta splendens) im ethologischen Unterricht. Der Biologie-Unterricht, 1984, Heft 2, S. 42-61, Klett Verlag.

Gliederung: *1 Einleitung. 2 Zur Biologie des Kampffisches. 3 Die Gestaltmerkmale. 4 Allgemeines Verhalten. 5 Häufigkeit des Luftschnappens. 6 Das aggressive Verhalten. 7 Spiegelexperiment. 8 Habituation im wiederholten Spiegelexperiment. 9 Klassische Konditionierung. 10 Operante Konditionierung. 11 Attrappenversuche. 12 Ernstkampf. 13 Kampffisch im Film. 14 Abschließende Bemerkungen. 15 Literatur.*

Anmerkung: *Es werden u.a. wichtige Hinweise zur Haltung dieses Fisches mitgeteilt. Die Experimente zum aggressiven Verhalten sind insbesondere auch von den zu erwartenden Ergebnissen her ausführlich beschrieben, ihr Einsatz in der Sek. I erscheint praktikabel und sinnvoll.*

Kattmann, U. und **Klein R.**: Maulbrüter - Selektion und Verhalten. Unterricht Biologie, 1989, Heft 141 (13. Jg.), S. 29-32, Friedrich Verlag

Kurzfassung: *Die Ausbildung des Maulbrütens läßt sich durch bestimmende ökologische Faktoren erklären. Beim Vergleich verschiedener Maulbrüterarten wird deutlich, daß die Geschwindigkeit, mit der das Weibchen die Eier nach dem Ablaichen wieder aufnimmt, ebenfalls aufgrund ökologischer Faktoren immer mehr zunimmt. Eine zu schnelle Eiaufnahme könnte jedoch zur Folge haben, daß die Eier unbesamt bleiben. Dieses Problem wurde durch die Entwicklung der Eiflecken auf den Afterflossen der Männchen gelöst. Am Beispiel der Maulbrüter erarbeiten die Schüler, wie Verhalten und Evolution sich gegenseitig bestimmen.*

Anmerkung: *Für die Maulbrüterbalz und das Ablaichen werden Reiz-Reaktions-Ketten beschrieben und auch in Form von Arbeitsblättern schülergerecht aufbereitet.*

Kettwig, U.: Wandkontaktversuche bei Mäusen - Anmerkungen und Vorschläge zur unterrichtlichen Behandlung. Der Biologie-Unterricht, 1984, Heft 2, S. 4-27, Klett Verlag

Kurzfassung: *Die "Wandkontaktsuche" ist eine den Mäusen weitgehend angeborene Neigung, eine Umgebung zu bevorzugen, die ihnen Deckung und Schutz gewährt vor möglichen Feinden. Wie dieser Sachverhalt im Biologieunterricht der Orientierungsstufe (5./6. Schuljahr) didaktisch umgesetzt und genutzt werden kann, zeigt der Autor anhand zweier Unterrichtsentwürfe, die im 3. Teil des Aufsatzes vorgestellt werden. Diese Vorschläge beruhen auf seinen unterrichtspraktischen Erfahrungen mit Schülern dieser Jahrgangsstufe und auf einer kritischen Durchsicht der in der Literatur zu diesem Thema empfohlenen Unterrichtsversuche, die im 2. Teil wiedergegeben sind.*

Krischke, N.: Experimente mit Tieren im Biologieunterricht. Unterricht Biologie, 1987, Heft 128, S. 44-47, Friedrich Verlag

Kurzfassung: *Das Erreichen bestimmter Lernziele im Biologieunterricht hängt wesentlich vom unmittelbaren Erleben und Erkunden arttypischer Lebensäußerungen von Tieren ab, zwei Bundesgesetze und eine Bundesverordnung geben den gesetzlichen Rahmen für die Verwendung von Tieren im Unterricht. Im vorliegenden Beitrag werden die wichtigsten bundesweiten und bundeslandabhängigen Bestimmungen im Hinblick auf die Schulpraxis vorgestellt und bewertet.*

Krüger, W.: Beobachtungen an Spinnen. Naturwissenschaften im Unterricht - Biologie, 1977 (25. Jg.), Heft 9, S. 266-270

Mau, K.G.: Tierhaltung in der Schule. Unterricht Biologie, 1980, Heft 41, S. 44-47, Friedrich Verlag

Anmerkung: *Es werden Spinnen beim Netzbau, beim Nahrungserwerb und bei ihrer Fortpflanzung beobachtet.*

Neumann, G.-H.: Zum Problem der Schlüsselreize. Praxis der Naturwissenschaftenn - Biologie, 1993 (42. Jg.), Heft 1, S. 30-35, Aulis Verlag Deubner & Co KG, Köln

Schröpfer, R.: Die Mongolische Rennmaus, eine für den Biologieunterricht neue Versuchstierart. Praxis der Naturwissenschaften - Biologie, 1978 (27. Jg.), Heft 4, S. 85-90, Aulis Verlag Deubner & Co KG, Köln

Anmerkung: *s. Anmerkung zum späteren Aufsatz dieses Autors*

Schröpfer, R.: Die Mongolische Rennmaus (Meriones unguiculatus) im ethologischen Experiment. Praxis der Naturwissenschaften - Biologie, 1979 (28. Jg.), Heft 6, S. 141-153, Aulis Verlag Deubner & Co KG, Köln

Anmerkung: *In den Aufsätzen wird die Mongolische Rennmaus zunächst in ihrer Biologie und dann hinsichtlich ihrer Verwendbarkeit für den verhaltensbiologischen Unterricht vorgestellt. Es werden eine Beobachtungsaufgabe und drei Versuche ausführlich beschrieben und erläutert. Zudem werden eine Abbildung zum Erkennen von Aktionen des Einzeltieres, ein Beobachtungsprotokoll und Literaturhinweise angefügt. Die beiden Aufsätze können als vorzügliche Hilfestellung für den Fachlehrer empfohlen werden, der sich mit diesem Tier vertraut machen und es im ethologischen Unterricht einsetzen möchte.*

Winkel, G.: Heimtiere. Unterricht Biologie, 1987, Heft 128, S. 4-13, Friedrich Verlag

Kurzfassung: *Das Thema ist zwiespältig: Durch die Zuneigung für das Tier und die Übernahme von Verantwortung für seine Pflege kann über eine tierschützende eine naturschützende Haltung entwickelt werden. Andererseits wird der natürliche Artbestand durch die Entnahme von Tieren für die Heimhaltung geschwächt, und es besteht die Gefahr eines nicht artgerechten Umgangs mit dem Tier. Außer den Motiven und den ökonomischen Aspekten der Heimtierhaltung diskutiert der Autor des vorliegenden Artikels deren rechtliche Seite und die damit verbundenen gesundheitlichen Fragen. Weiterhin nennt er die Tierarten, die sich für die Haltung in der Schule eignen und auch dort gehalten werden dürfen.*

Anmerkung: *Neben interessanten Details (Anzahl und Artzugehörigkeit der bei einer Tierkörperbeseitigungsanstalt abgelieferten Vögel, Hunde- und Katzen-Dichte in verschiedenen Ländern, Import von Aquarienfischen u.a.) wird die gesamte Problematik der Heimtierhaltung umfassend vorgestellt. Die aufgezeigten Aspekte können sowohl in eine UE "Angeborenes Verhalten bei Tieren" als auch im Zusammenhang mit ökologischen / naturschützenden Fragestellungen eingebracht werden.*

Zippelius, H.-M.: Schlüsselreize - ja oder nein? BIOLOGIE HEUTE, 1992, Nr. 397, S. 1-5, Wissenschaftliche Verlagsgesellschaft

Anmerkung: *Die Autorin setzt sich, wie in ihrem Buch "Die vergessene Theorie" kritisch mit der Theorie von Konrad Lorenz auseinander.*

I.3.3 Bücher

Deutsches Institut für Fernstudien an der Universität Tübingen (Hrsg.): Tierhaltung in der Schule. In der Reihe "Verhaltensbiologie für Lehrer der Klassenstufen 5-10", Tübingen (1984)

Anmerkung: *Es werden ausführliche und sehr instruktive Hinweise für die Haltung von Fischen, Vögeln, Säugetieren und Insekten im Schulbereich gegeben.*

Deutsches Institut für Fernstudien an der Universität Tübingen (Hrsg.): Grunderscheinungen des Verhaltens I. In der Reihe "Verhaltensbiologie für Lehrer der Klassenstufen 5-10", Tübingen (1988)

Anmerkung: *s. Anmerkung zu Bd. II*

Deutsches Institut für Fernstudien an der Universität Tübingen (Hrsg.): Grunderscheinungen des Verhaltens II. In der Reihe "Verhaltensbiologie für Lehrer der Klassenstufen 5-10", Tübingen (1988)

Anmerkung: *Beide Bände ermöglichen dem weniger mit der Materie befaßten Fachlehrer eine elementare, an wenigen Beispielen orientierte Einführung in die ethologischen Grundfragestellungen, Methoden und Ergebnisse.*

Eypasch, U.: Das Zusammenwirken von angeborener Bewertung und Erfahrung bei der Lösung eines Erkennungsproblems - untersucht an jungen Silbermöven (Laris argentus Pontopp), Diss. Bonn (1989)

Anmerkung: *Die Autorin wählt einen anderen methodischen Ansatz als Tinbergen. Im Zweifachwahlversuch sollen die Versuchstiere immer das Objekt mit dem höheren Reizwert bevorzugen. Es wird nicht die Intensität der Antwort gemessen, damit wird auf die Erfassung einer von der inneren Bereitschaft abhängigen Reaktion verzichtet. Zudem wird mit jedem Versuchstier nur ein Test durchgeführt, um das Einfließen von Erfahrungen mit der Testsituation in das Wahlergebnis zu vermeiden. Die Ergebnisse der Untersuchungen läßt die Autorin in folgende Hypothese einmünden: Junge Silbermövenküken picken, wenn sie hungrig sind, jedes Objekt an, das ihnen geboten wird. Sie prägen sich das ein, bei dem sie Erfolg hatten. Das Schlüsselreizkonzept von K. Lorenz wird somit in Frage gestellt.*

Hornung, G. und **Thierfeldt, H.-J.**: Verhalten bei Tier und Mensch. Schroedel Schulbuchverlag, Hannover (1986)

Anmerkung: *Diesem Band aus der Reihe "Wahlpflichtfach Biologie" sind zahlreiche interessante Anregungen für die Untersuchung tierischen und menschlichen Verhaltens zu entnehmen.*

Hornung, G. und **Miram, W.**: Verhaltenslehre. Schroedel Schulbuchverlag, Hannover (1987)

Anmerkung: *Dieses gut 150 Seiten umfassende Bändchen ist für den verhaltensbiologischen Unterricht in der Kursstufe konzipiert. Für den interessierten Fachkollegen kann die so konzipierte "Verhaltenslehre" eine Möglichkeit darstellen, verschüttetes Wissen wieder aufzufrischen und zu aktualisieren.*

Lamprecht, J.: Verhalten / Grundlagen - Erkenntnisse - Entwicklungen der Ethologie. Herder Verlag. Freiburg (1972)

Anmerkung: *Es wird ein Überblick über Fragestellungen, Methoden und Begriffe der Ethologie gegeben, ein reichhaltiges Abbildungsangebot erleichtert die Erarbeitung eines zusammenhängenden und übersichtlichen Begriffsgebäudes.*

Lawick-Godall, J. van: Wilde Schimpansen. Rowohlt Verlag, Reinbeck (1971)

Anmerkung: *Es werden die Ergebnisse einer Freilandstudie an Schimpansen beschrieben. Im Anhang finden sich Abbildungen zur Mimik von Schimpansen sowie Beschreibungen von Lautäußerungen. Der Stil - ein Verdienst des Übersetzers - ist so klar und in gewissem Sinne lebhaft, daß der Band durchaus einem Schüler der Sek. I an die Hand gegeben werden kann, um z.B. ein Referat vorzubereiten.*

Meyer, P.: Taschenlexikon der Verhaltenskunde. UTB Schöningh Verlag, Paderborn (1976)

Anmerkung: *In diesem Band werden die wesentlichen ethologischen Begriffe und Sachverhalte klar und zumeist auch in Übereinstimmung mit üblichen Versionen definiert und knapp erläutert.*

Schmidt, H.: Tierkunde. In: *Falkenhan, H.-H.* (Hrsg.) Handbuch der praktischen und experimentellen Schulbiologie, Bd. 2. Aulis Verlag Deubner & Co KG, Köln, (1971)

Anmerkung: *Hier findet der Leser zahlreiche Hinweise zur Materialbeschaffung, zur Haltung und Zucht exemplarisch ausgewählter Vertreter der einzelnen Tierstämme. Zudem stößt man auf zahlreiche Anregungen für Beobachtungsaufgaben und Experimente.*

Zippelius, H.-M.: Die vermessene Theorie - Eine kritische Auseinandersetzung mit der Instinkttheorie von Konrad Lorenz und verhaltenskundlicher Forschungspraxis. Verlag Vieweg, Wiesbaden (1992)

Anmerkung: *In dieser Studie werden u.a. auch die Befunde von U. Eypasch ausgewertet. Die Autorin stellt u.a. das Lorenzsche Konzept zur Erklärung angeborenen Verhaltens in Frage.*

II. Unterrichtseinheit (UE): Erlerntes Verhalten

Lernvoraussetzungen:

Grundbegriffe bzw. zentrale Sachverhalte der UE "Angeborenes Verhalten"; Grundbegriffe und -sachverhalte aus dem Bereich Nervenzelle/Nervensystem.

Gliederung:

Die Pfeile geben die hier vorgeschlagene Unterrichtssequenz inhaltlicher Schwerpunkte dieser Unterrichtseinheit an. Es sind aber auch andere Sequenzen denkbar.

1. Unbedingter Reflex

↓

2. Bedingter Reflex

↓

3. SKINNER-Box

↓

4. Lernen durch Versuch und Irrtum

↓

5. Einsichtiges Verhalten

↓

6. Prägung

↓

7. Verknüpfung von angeborenem und erlerntem Verhalten

Zeitplanung:

Die skizzierte Unterrichtseinheit wird etwa 7 Stunden beanspruchen; der erforderliche Aufwand wird wesentlich dadurch mitbestimmt, ob der Fachlehrer die Labyrinthversuche mehr als Demonstration oder aber stärker ergebnisorientiert gestaltet. Wenn die Verknüpfung von angeborenem und erlerntem Verhalten schon an früherer Stelle (UE I) aufgezeigt wurde und zudem der Sachverhalt des unbedingten Reflexes bekannt ist, müßte man mit 5 Unterrichtsstunden auskommen.

II.1 Sachinformationen:

Angeborenes Verhalten:

Üblicherweise versteht man darunter all die Verhaltensweisen, die phylogenetisch festgelegt sind und nicht erlernt werden müssen.

Averbales Denken:

Diese Form des Denkens umfaßt Vorgänge wie Formen vergleichen, Anzahlen erkennen oder sich für einen Umweg entscheiden. Wenn ein Hund sich für einen Umweg entscheidet und sich dabei von seinem Ziel zunächst einmal entfernt, so muß er eine Vorstellung von dem Gesamtweg entwickelt und nun vor "seinen Augen" haben. Ein solches Verhalten bezeichnet man als *Umwegverhalten*.

Bedingter Reflex:

Hier handelt es sich um eine primitive Stufe des Lernens. Zum Verständnis des bedingten Reflexes muß zunächst das Prinzip eines → *unbedingten Reflexes* dargelegt werden. Auf einen bestimmten Reiz hin (man spricht hier von einem *unbedingten Reiz*) erfolgt eine einfache, weitgehend spezifische Reaktion des Organismus oder eines Teil desselben (unbedingte Reaktion). So führt ein auf das Auge gerichteter Luftstoß dazu, daß das Lid heruntergezogen wird, man spricht hier auch vom Lidschlußreflex.

Diese Verknüpfung von Reiz und Reaktion ist angeboren. Ein Pfeifton z.B. kann den Lidschlußreflex nicht auslösen. Läßt man jedoch einen solchen Pfeifton mehrmals kurz vor dem Verabreichen des Luftstoßes ertönen, so erfolgt der Lidschlag anschließend auf den Pfeifton allein. Es hat sich ein *bedingter Reiz* ausgebildet, der die gleiche Reaktion auslöst wie der unbedingte Reiz (Luftstoß). Der so behandelte Organismus hat also gelernt, auf einen Pfeifton hin das Augenlid reflektorisch herabzuziehen.

Begriffsbildung:

Bei Tieren kann man aufgrund des fehlenden Sprachvermögens lediglich eine → *averbale Begriffsbildung* erwarten. So wurden Zibetkatzen bei Musterwahlversuchen immer dann belohnt, wenn sie sich für ein Muster mit zwei nebeneinander verlaufenden Kreisbögen entschieden. Wählten sie ein Muster mit zwei parallelen Strecken, erhielten sie keine Futtergabe. Anschließend bot man ihnen 16 verschiedene Muster an. Sie entschieden sich für solche, die gebogene Linien enthielten. Sie hatten also offensichtlich aus dem bekannten Objekt, dem Muster mit zwei nebeneinander verlaufenden Kreisbögen, eine konstante Eigenschaft herausgefiltert: gebogene Linien. Eine solche Abstraktion ist wohl die unabdingbare Voraussetzung für eine averbale Begriffsbildung.

Dressur:

Hier handelt es sich um eine Lernform, die einer *bedingten Aktion* bzw. → *instrumentellen Konditionierung* entspricht.

Einsichtiges Verhalten:

Von einem solchen Verhalten spricht man dann, wenn ein Tier, vor eine bis dahin unbekannte Aufgabe gestellt, eine Handlungsfolge gleich im ersten Ansatz zielstrebig ausführt. Dabei können einzelne Teile der Handlung ruhig schon bekannt sein, entscheidend ist die Neuartigkeit des Handlungsablaufs. So hängte der Verhaltensforscher *O. Köhler* eine Banane im Käfig eines Schimpansen so auf, daß das Tier sie nicht im Stehen oder Springen mit der Hand erreichen konnte. Zusätzlich stellte der Forscher Kisten in den Käfig, mit denen der Schimpanse früher schon einmal gespielt hatte. Zunächst setzte sich das Tier wütend und dann schmollend in eine Ecke des Käfigs. Dann blickte es auf die Kisten, auf die Banane und auch auf die Stelle direkt unter der Banane. Diese Blickfolge wiederholte der Schimpanse mehrmals, bevor er aufstand, eine Kiste direkt unter die Banane zog, sich auf die Kiste stellte, die Banane ergriff, wieder herunter kletterte und die Banane fraß.

Als einsichtiges Verhalten ist auch das *Umwegverhalten* zu bewerten (siehe *averbales Denken*).

Erlerntes Verhalten:

Damit werden Verhaltensweisen bezeichnet, die ein Tier durch das Beispiel der Eltern bzw. anderer Artgenossen oder durch eigene Erfahrung erworben hat.

Extinktion:

Darunter versteht man den Vorgang, in dem ein → *bedingter Reiz* seine auslösende Wirkung verliert. Dies ist z.B. dann der Fall, wenn der bedingte Reiz wiederholt allein dargeboten wird, um die Reaktion auszulösen. Wird z.B. nach der Konditionierung eines Hundes, auf einen Glockenton hin Speichel zu sekretieren, nur noch der bedingte Reiz (Glockenton) gegeben, so wird der Speichelfluß von Reizsetzung zu Reizsetzung weniger. Die auslösende Wirkung des bedingten Reizes läßt nach.

Fakultatives Lernen:

Dieser Begriff erfährt seine wesentliche Bedeutung in der Gegenüberstellung zum → *obligatorischen Lernen*. Fakultatives Lernen umfaßt die individuellen Verhaltensanpassungen (also Lernvorgänge), die für den erfolgreichen und sinngemäßen Vollzug von Erbkoordinationen nicht unbedingt erforderlich sind. So spricht man von fakultativem Lernen, wenn eine Ratte lernt, zur Erlangung von Futter einen Hebel zu drücken.

Fehlprägung:

Hiermit kennzeichnet man die → *Prägung* auf ein artfremdes Individuum oder eine entsprechende Attrappe. Eine Fehlprägung liegt z.B. vor, wenn ein Hundewelpe von einer Fuchsfähe aufgezogen wird und diese dann zu dekken versucht.

Gedächtnis:

Struktur des Zentralnervensystems, in dem Informationen gespeichert und abgerufen werden können. Nach der Dauer der Aufbewahrung unterscheidet man zwischen Ultrakurzzeitgedächtnis, Kurzzeitgedächtnis und Langzeitgedächtnis. Über die Wirkungsmechanismen der Informationsspeicherung weiß man relativ wenig. Als ein Mechanismus der Informationsspeicherung wird das Kreisen elektrischer Impulse in geschlossenen Bahnen miteinander verbundener Nervenzellen gesehen. Es gibt aber auch experimentelle Befunde, die für eine chemische Speicherung sprechen. Auch spricht vieles dafür, den Synapsen eine wichtige Rolle bei der Speicherung von Informationen zukommen zu lassen.

Imitation:

Man spricht auch von Nachahmung, wenn z.B. Graugansküken genau beobachten, was ihre Eltern fressen, und dann später an den gleichen Pflanzen picken und sie fressen. Vorbild für eine solche Nachahmung ist in der Regel ein Artgenosse, zumeist handelt es sich um den Sozialpartner (Rudelmitglied, Elternteil, Geschwister). Die Nachahmung führt zu einer Verhaltensänderung, ist also als Lernvorgang zu bewerten.

Instinkt-Lern-Verschränkung:

Viele Tierarten verändern ihr angeborenes Verhalten. Es kommen erlernte Anteile hinzu. Man spricht dann von durch Lernen modifizierten Instinkthandlungen bzw. von einer Instinkt-Lern-Verschränkung. Durch einen solchen hinzukommenden Lernvorgang können alle Bestandteile eines angeborenen Verhaltensgefüges verändert werden. So werden häufig die Auslöser spezieller und selektiver, es können auch neue Auslöser gelernt werden. Auch im Bereich der Endhandlung kann es zu beträchtlichen lernbedingten Veränderungen kommen. So kann man bei Eichhörnchen beobachten, daß sie zunächst eine angebotene Nuß von allen Seiten benagen, bis sie sie schließlich geöffnet haben. Im Verlaufe eines relativ kurzen Lernprozesses gelingt es ihnen jedoch, eine Nuß mit weniger Kraftaufwand zu öffnen. Sie nagen auf der Breitseite der Nuß je eine Längsfurche und können dann die Nuß mit wenig Kraftaufwand sprengen.

Instrumentelle Konditionierung:

In der Literatur findet man auch das Synonym *operante Konditionierung*, in neuerer Zeit setzt sich die Bezeichnung *bedingte Aktion* durch. Der grundsätzliche Unterschied zwischen dieser Lernform und der der → *klassischen Konditionierung* besteht darin, daß bei der klassischen Konditionierung (bedingte Reaktion) das Verhaltensmuster grundsätzlich festgelegt ist (z.B. Speichelfluß beim *Pawlowschen* Hund) und nur noch durch eine Reizauswahl die Merkmalsbindung (z.B. Pfeifton) an den angeborenen Auslöser (z.B. Futterbrocken) erfolgt. Bei der instrumentellen Konditionierung (bedingte Aktion) dagegen führt der spontane Einsatz von Verhaltensweisen zu einer Auswahl erfolgreicher Verhaltensmuster, die dann als bedingte oder erlernte Aktion bezeichnet werden. Eine hungrige Taube wird in eine → *Skinner-Box* gesetzt. Sie läuft in dem Käfig herum, dabei pickt sie gegen den Käfigboden und gegen die Käfigwand. Trifft sie mit ihrem Schnabel eine kleine Scheibe in der vorderen Käfigwand, so wird über einen Futterautomaten ein Futterkorn in ein Schälchen neben der Scheibe gegeben. Die Taube nimmt das Korn auf, pickt nach kurzer Zeit wieder gegen die Scheibe und frißt das abgegebene Futterkorn. Nun wiederholt die Taube das Picken gegen die Scheibe und das anschließende Aufnehmen des Futterkorns rasch und in fast regelmäßigen Abständen. Für den Beobachter entsteht der Eindruck, daß die Taube "begriffen" habe, daß mit dem Picken gegen die Scheibe ein Futterkorn freigesetzt wird. Auf jeden Fall hat sie gelernt, sich durch das Picken gegen die Scheibe ein Futterkorn zu verschaffen. Zu Beginn des Lernvorgangs führte sie verschiedene spontane Bewegungen (Verhaltensweisen) aus, sie pickte auf den Boden und gegen die Wand der *Skinner-Box*. Eine Verhaltensweise, nämlich die des Pickens gegen die Scheibe, war erfolgreich, um an ein Futterkorn zu gelangen und somit das Bedürfnis nach Nahrung zu befriedigen bzw. teilweise zu befriedigen. Man kann den Lernvorgang der instrumentellen Konditionierung auch einfacher umreißen: Eine zunächst zufällige Handlung wird belohnt; das Tier assoziiert daraufhin diese Handlung mit der darauffolgenden Belohnung, es lernt also, daß nach Ausführung dieser Handlung etwas passiert, was zur Befriedigung eines Bedürfnisses führt.

Bei der *Dressur* bedient man sich dieser Möglichkeit, eine Verbindung zwischen zufälliger Verhaltensweise und der Befriedigung eines Bedürfnisses herzustellen. So wird ein Löwe, der nach dem zufälligen Heben der rechten Tatze mit einem Fleischbrocken belohnt wird, diese Bewegung wiederholen, um erneut mit Futter belohnt zu werden. Die hier vorgelegte Art der Formulierung darf allerdings nicht den Eindruck erwecken, als ob das so konditionierte Tier den Zusammenhang von auszuführender Verhaltensweise und dem Erreichen einer Belohnung "durchschaue", ebensowenig kann man davon sprechen, daß das Tier die zunächst zufällig ausgeführte Bewegung dann später mit "Berechnung" ausführe, um in den Genuß der Futterbelohnung zu kommen.

Klassische Konditionierung:

Sie entspricht dem Vorgang, der zur Ausbildung eines → *bedingten Reflexes* (in der Literatur findet man anstelle des Terminus bedingter Reflex häufig die Formulierung *bedingte Reaktion*) führt. Die Erforschung der klassischen Konditionierung ist vorwiegend das Werk des russischen Physiologen *I. P. Pawlow*. Er untersuchte den Speichelfluß von Hunden quantitativ, indem er den Ausführungsgang der Ohrspeicheldrüse nach außen verlegte. Nun konnte er beobachten, daß die Reizung der Geschmacks- und Mechanorezeptoren an der Zunge und im Gaumen durch aufgenommene Nahrung zur Speichelabsonderung führte. *Pawlow* ließ nun kurz vor der Fütterung (2-4 Sekunden) ein Summen ertönen. Diese fast zeitgleiche Darbietung von unbedingtem Reiz (Futter) und zunächst neutralem Reiz (Summton) wurde mehrfach wiederholt. Nach ca. 10 Darbietungen reichte die Darbietung des Summtons allein aus, um Speichelfluß hervorzurufen. Der ursprünglich neutrale Reiz Summton war zu einem → *bedingten Reiz* mit gleicher Wirksamkeit wie der unbedingte Reiz geworden.

Lerndisposition:

Man könnte auch von Lernbegabung sprechen und damit das genetisch abgesteckte Lernvermögen eines Tieres umreißen. So kann ein Buchfink, der unter Erfahrungsentzug aufgezogen wurde, zunächst nicht in der arteigenen Weise singen. Werden ihm jedoch neben fremden Vogelstimmen auch arteigene Strophen vorgespielt, so erlernt er diese schnell und perfekt.

Lernen:

Dieser Vorgang wird sehr unterschiedlich und vielfältig definiert. Eine sehr allgemeine Definition ist folgende: Unter Lernen versteht man die individuelle Anpassung des Verhaltens an die Gegebenheiten der Umwelt. Diesem Vorgang sind durch die jeweilige artspezifische → *Lerndisposition* Grenzen gesetzt. Im Gegensatz zu angeborenen Verhaltensweisen sind Lernvorgänge in der Regel nicht mit dem Wachstumsprozeß gekoppelt.

Die Entscheidung darüber, ob ein Lernprozeß stattgefunden hat, ist nicht immer eindeutig zu treffen. Man hat es vermutlich immer dann mit einem Lernvorgang zu tun, wenn sich die Wahrscheinlichkeit für das Auftreten einer bestimmten Verhaltensweise in einer bestimmten Reizsituation ändert. Diese Änderung sollte eine direkte Folge früherer Begegnungen mit dieser oder einer ähnlichen Reizsituation sein, die Änderung sollte nicht auf Reifungsvorgänge zurückzuführen sein. Wenn z.B. ein Hund, der anfangs das Einwerfen von Briefen in den Briefschlitz der Haustür nicht beachtete, wiederholt und dann regelmäßig mit einem heftigen Bellen antwortet, wird man von einem Lernvorgang sprechen: Der Hund hat gelernt, daß die Briefe von einem Eindringling (hier: Briefträger) in sein Revier eingeworfen worden sind.

Wichtigste Voraussetzung für Lernvorgänge ist die Befähigung eines Organismus, Informationen aufzunehmen, zu speichern und wieder abrufen zu können. Die diesbezüglichen Strukturen sind in den Sinnesorganen und im Zentralnervensystem zu suchen.

Lernen durch Versuch und Irrtum:

Im anglo-amerikanischen Sprachbereich wird diese Form des Lernens "trial and error learning" genannt. Gemeint ist damit eine Situation, in der ein Tier verschiedene Bewegungen "durchprobiert", um in einer bestimmten Reizsituation eine Aufgabe zu lösen. Ein Fuchs hat gelernt, daß in einer Kiste Futter zu finden ist. Diese Kiste wird nun so verschlossen, daß sie durch Betätigung eines Hebels zu öffnen ist. Dem Fuchs stehen für diese Betätigung seine Schnauze oder seine Vorderpfoten zur Verfügung. Wenn nun der Verschluß so konzipiert ist, daß die Kiste allein mit Hilfe von Schnauzenbewegungen zu öffnen ist, so wird der Fuchs verschiedene Bewegungen mit seiner Schnauze oder mit seinen Pfoten oder mit beiden so lange ausprobieren, bis die Öffnung der Kiste gelingt.

Bei genauerer Betrachtung wird allerdings deutlich, daß es sich hier nicht um eine besondere Form des Lernens handelt, sondern lediglich um eine mehr oder weniger komplizierte Variante einer Konditionierung, speziell handelt es sich in diesem Beispiel um eine → *operante Konditionierung*.

Obligatorisches Lernen:

Bestimmte Verhaltenselemente und Sachverhalte muß ein Tier erlernen, damit seine arterhaltenden Erbkoordinationen sinngemäß ablaufen können. So muß z.B. eine Biene die Umgebung ihres Stocks kennenlernen, damit die angeborene Verhaltensweise des Futtereinbringens zur arterhaltenden Vorratshaltung beitragen kann. Auch die im Rahmen der → *Prägung* ablaufenden Lernvorgänge sind für ein Tier obligatorisch.

Ortsprägung:

Man spricht auch von einer Biotopprägung, wenn man die → *Prägung* eines Individuums auf seinen Lebensraum oder Teile desselben im Auge hat. Zumeist handelt es sich dabei um den Geburtsort eines Tieres, in dem es während seiner sensiblen Phase gelebt hat. Während dieser Prägung erhält das Tier schon früh eine lebenslange Kenntnis vom arteigenen Biotop. Dieser Biotop wird lebenslang oder zumindest phasenweise bevorzugt bewohnt bzw. aufgesucht, man spricht dann auch von einer Biotopbindung.

Prägung:

Damit kennzeichnet man den Vorgang, bei dem Umwelteindrücke wie z.B. Objekte der belebten und unbelebten Natur für einen heranwachsenden Organismus in einer kurzen Lebensspanne, der → *sensiblen Phase*, eine bestimmte Bedeutung erhalten. Die so erlernte Bedeutungszuweisung ist weitgehend irreversibel. Ein sehr bekanntes Beispiel für einen Prägungsvorgang ist die von *K. Lorenz* beschriebene Prägung eines Gänsekükens auf einen Menschen. Ein Gänseküken hat keine angeborene Vorstellung davon, wie seine Mutter aussieht. In den Stunden nach dem Schlüpfen nähert es sich allen Gegenständen oder Lebewesen, die sich bewegen und rhythmisch Laute von sich geben. Nach einiger Zeit — eine Zeitspanne von 5-10 Minuten mag da schon ausreichen — folgt es einem solchen Objekt. Es spielt dabei keine Rolle, wie dieses Objekt aussieht, ein Fußball ist ebenso wirksam wie eine naturgetreue Attrappe. Wenn es dem Objekt eine Zeitlang nachgelaufen ist, folgt es ihm auch weiterhin. Davon kann es auch ein Gänseweibchen nicht abhalten. Diese Prägung, genauer müßte man sie als Nachfolgeprägung kennzeichnen, ist nur während einer bestimmten Zeit, der *sensiblen* Phase, möglich. Der Zeitpunkt und die Dauer der sensiblen Phase können von Tierart zu Tierart verschieden sein. Kennzeichnend ist, daß die im Rahmen eines Prägungsvorgangs erworbenen Kenntnisse zeitlebens behalten werden. Die Prägung auf ein Objekt bezieht sich allerdings nur auf einen speziellen Funktionsbereich. Eine junge Gans, die hinsichtlich des Nachfolgens auf einen Fußball geprägt wurde, wird sich in der Geschlechtsreife sehr wohl mit einem Artgenossen paaren. Das Objekt der Nachfolgeprägung ist nicht im Funktionsbereich Paarung wirksam. Es fällt auf, daß Prägungen sich als besonders schnelle und effektive Lernarten erweisen. Sie werden nicht durch Straf- oder Belohnungsreize beeinflußt.

Man unterscheidet grundsätzlich zwischen einer *Objektprägung* und einer *motorischen Prägung*. Bei der Objektprägung erlernen die jeweiligen Tiere einen Auslöser. So lernen Gänseküken, welchem Objekt sie nachfolgen; sie lernen also das Objekt kennen, das ihre Nachfolgereaktion auslöst. Im Rahmen einer motorischen Prägung erlernen die Tiere eine Handlung, also letztlich eine Bewegung. Dies ist z.B. der Fall, wenn Zebrafinken anders als ihre Artgenossen singen, nachdem sie von andersartigen Eltern aufgezogen worden sind.

Reiz:

Darunter versteht man die von einem Merkmal, von einem Signal oder vom Körperinnern ausgehende und von einem Rezeptor registrierte Wirkung. Reize haben entweder einen auslösenden Effekt, indem sie eine Aktion oder Reaktion in Gang setzen oder sie haben eine sensibilisierende Wirkung, man könnte dann auch von einer motivationsfördernden Wirkung sprechen. Bei den auslösenden Reizen muß man unterscheiden zwischen solchen, die als Schlüsselreiz eine angeborene Verhaltensweise auslösen, und Reizen, die durch einen Lernvorgang wie z.B. bei der → *klassischen Konditionierung* eine auslösende Wirkung erhalten.

Sensible Phase:

Darunter versteht man den Zeitabschnitt in der Individualentwicklung eines Tieres, in dem allein seine → *Prägung* auf ein Objekt bzw. seine → *motorische Prägung* möglich ist. In dieser Zeit ist der Organismus für die zu erlernenden Umwelteindrücke bzw. -reize besonders empfindlich. Bei Entenjungen umfaßt die sensible Phase für die Nachfolgeprägung die Zeit von der 6. bis zur 26. Stunde nach dem Schlüpfen. Zwischen der 13. und 16. Stunde ist die Sensibilität für den Prägungsvorgang besonders hoch. Nach Ablauf der sensiblen Phase kann die dazugehörige Prägung nicht mehr erfolgen.

Spielen:

Hierbei handelt es sich um eine Kombination von Instinkthandlungen und erlernten Handlungen ohne (zumeist) Ernstbezug. Gut zu beobachten ist z.B. das Spielverhalten junger Katzen, denen ein Wollknäuel hingeworfen wird. Nach einem ererbten Handlungsschema verfolgen sie einen sich bewegenden Gegenstand und setzen beim Ergreifen desselben in arttypischer Weise ihre Pfoten ein. Auf der anderen Seite lernen die jungen Katzen schnell, dem Knäuel durch einen Tatzenschlag eine bestimmte Richtung zu geben und diese dann durch einen weiteren Tatzenschlag wieder zu verändern. Ein so beschriebenes Spielverhalten gehört dem Funktionskreis des Beutefangverhaltens an. Es kommt jedoch nicht zum vollständigen Ablauf der angeborenen Handlungskette, so unterbleibt häufig die Beißhandlung. Stattdessen kommen Bewegungselemente hinzu, die anderen Funktionskreisen entstammen. Eine häufige Wiederholung solcher Bewegungen führt nicht wie bei ernsthaften Instinkthandlungen zu einer Abnahme der Handlungsbereitschaft.

Die biologische Bedeutung wird darin gesehen, daß im Spiel die Ausführung einzelner Bewegungsabläufe geübt und perfektioniert wird. Diese Bewertung entspricht der Tatsache, daß viele Jungtiere gerade die Spiele spielen, bei denen sie das lernen, was sie in ihrem späteren Leben benötigen.

Es ist in diesem Zusammenhang hervorzuheben, daß das Spielverhalten seinen eigenen Antrieb und auch eine eigenständige Appetenzkomponente hat. So beobachtet man, daß Jungtiere im Sinne eines Appetenzverhaltens nach Spielgelegenheiten und -partnern suchen.

Tierpsychologie:

Dieser Terminus stand früher für die *Verhaltenslehre* schlechthin. Heute kennzeichnet man damit eine Arbeitsrichtung, die vorwiegend das Verhalten des Einzeltieres und dabei speziell die neuro-physiologischen und pathologischen Erscheinungen untersucht. Im Vordergrund des Interesses dieser Forschungseinrichtung stehen Lernprozesse Demgegenüber sieht die → *Ethologie* ihren Arbeitsschwerpunkt in der vergleichenden Untersuchung angeborener Verhaltensweisen.

II.2 Informationen zur Unterrichtspraxis

II.2.1 Einstiegsmöglichkeiten

Einstiegsmöglichkeiten	Medien
A.	
■ L fordert einen S auf, sich für einen Versuch zur Verfügung zu stellen	
■ Demonstrationsversuch: Patellarsehnenreflex	■ Versuch zum Patellarsehnenreflex (auch Kniesehnenreflex genannt); S setzt sich auf einen Tisch und läßt die Beine baumeln; L schlägt mit der Handkante dem S von vorn direkt unterhalb der Kniescheibe auf den Unterschenkel (nicht zu heftig schlagen!).
► **Problemfrage:** Handelt es sich hier um eine angeborene oder um eine erlernte Reaktion	■ Tafel
Unterrichtliche Anmerkung: *Man kann erwarten, daß die Lerngruppe zu diesem Zeitpunkt den Sachverhalt des Reflexes bzw. des Reflexbogens schon kennengelernt hat; nicht in jedem Fall wird die Frage aufgeworfen worden sein, ob es sich dabei um eine angeborene oder um eine erlernte Reaktion handelt. Diese Einstiegsmöglichkeit wird daher vorzuziehen sein, wenn die genetische Bedingtheit reflektorischen Verhaltens noch nicht erörtert worden ist. Als besonders vorteilhaft könnte sich dieser Einstieg für den (wohl seltenen) Fall erweisen, daß die Reflexthematik bis zu diesem Zeitpunkt ausgespart worden ist.*	

Einstiegsmöglichkeiten	Medien
B.	
■ L zeigt Filmausschnitt über das Eintragen von Nistmaterial durch ein Eichhörnchen	■ FWU-Film 360063 "Angeborenes und erlerntes Verhalten beim Eichhörnchen" — Ausschnitt in dem der Lernfortschritt beim Eintragen von Nistmaterial erkennbar wird (ca. 3. — 5. Minute).
▶ **Problemfrage:** Wie kann man das veränderte Verhalten beim Eintragen von Nistmaterial erklären?	■ Tafel
C.	
■ L fordert einen S auf, sich für einen Versuch zur Verfügung zu stellen	
■ Demonstrationsversuch: Auslösung des Lidschlußreflexes durch einen Pfeifton (Beispiel für einen bedingten Reflex)	■ Material II./M 2 "Bedingter Reflex: Auslösen des Lidschlußreflexes durch einen Pfeifton" ***Anmerkung:*** *Das Experiment wird zunächst nach den Vorgaben des Materials durchgeführt, die SuS selbst erhalten noch kein Exemplar dieses Materials.*
▶ **Problemfrage:** Wie kann man das Ergebnis dieses Experiments erklären (alternativ: Handelt es sich bei dem Ergebnis dieses Versuchs um ein angeborenes oder um ein erlerntes Verhalten)?	■ Tafel

II.2.2 Erarbeitungsmöglichkeiten

Erarbeitungsschritte	Medien
A. Bevor die aufgeworfene Frage (angeboren oder erlernt) geklärt werden kann, erscheint es sinnvoll, sich noch einmal mit dem Sachverhalt des Reflexes als solchem auseinanderzusetzen. Da es sich weitgehend nur um eine Wiederholung handelt, können die bedeutsamen Strukturen und Zusammenhänge im Unterrichtsgespräch erarbeitet werden.	
A. 1. Unbedingter Reflex	
■ L fordert die SuS auf, die an dem Reflexgeschehen beteiligten Strukturen zu nennen	■ Tafel
■ Unterrichtsgespräch: Elemente eines Reflexbogens (hier: Patellarsehnenreflex)	■ Tafel, Material II./M 1 "Patellarsehnenreflex" ***Anmerkung:*** *Die Erarbeitung des Reflexbogens erfolgt an der projizierten zeichnerischen Darstellung. Dazu wird eine Folienkopie hergestellt.*
■ L fordert SuS auf, das Zusammenwirken der Elemente des Patellarsehnenreflexes aufzuzeigen	
■ Unterrichtsgespräch: Ablauf des Patellarsehnenreflexes	■ Material II./M 1 "Patellarsehnenreflex" ***Anmerkung:*** *Während des Unterrichtsgesprächs werden die Strukturen des Patellarsehnenreflexes der Lerngruppe vor Augen gehalten, so wird es den SuS leichter fallen, die dazugehörigen funktionalen Aspekte aufzuzeigen und in einen sinnvollen zeitlichen Zusammenhang zu bringen.*
■ SuS-Übung: Festigung der Kenntnisse zum Patellarsehnenreflex	■ Material II./M 1 (Materialgebundene Aufgabe): Patellarsehnenreflex
■ L wiederholt nun die Frage, ob die beobachtete Reaktion angeboren oder erlernt sei	■ Tafel

Erarbeitungsschritte	Medien
■ Unterrichtsgespräch: Methoden und Ergebnisse zur Klärung der Frage, ob der Patellarsehnenreflex (stellvertretend für andere Reflexe) angeboren oder erlernt ist	■ Zitate und Abbildungen aus einschlägiger **Literatur** z.B. *Flehmig, I.:* Normale Entwicklung des Säuglings und ihre Abweichungen. Georg Thieme Verlag, Stuttgart (1983)
B. Die aufgeworfene Frage lautet: "Angeboren oder erlernt"?. Der Sachverhalt einer angeborenen Verhaltensweise ist der Lerngruppe vermittelt wurden. (UE I). Mit dem Sachverhalt Lernen wurden die Schüler bisher nicht konfrontiert. Es erscheint daher zweckmäßig, die Lerngruppe mit einem Lernphänomen zu konfrontieren. Dazu bietet sich der Lernvorgang des bedingten Reflexes an. Auf eine Behandlung des unbedingten Reflexes könnte man gegebenenfalls verzichten. Hier muß der Kenntnisstand der Lerngruppe bezüglich dieses Sachverhaltes überprüft werden.	
C. Hier wird das Phänomen eines bedingten Reflexes vorgestellt. In der Regel wird es erforderlich sein, zunächst den Sachverhalt des unbedingten Reflexes zu wiederholen oder gar neu zu erarbeiten. So wird letztlich eine Reihenfolge der Unterrichtsschwerpunkte wie beim Einstieg A anzusetzen sein.	
A./B./C. 2. Bedingter Reflex	
■ Demonstrationsversuch: Lidschlußreflex ***Unterrichtliche Anmerkung:*** *Es empfiehlt sich, zunächst die Teilversuche a und b durchzuführen; so wird noch einmal deutlich, daß ein Reflex nur durch einen spezifischen Reiz ausgelöst werden kann.*	■ Material II./M 2 (Experiment): Bedingter Reflex
■ Unterrichtsgespräch: Auswertung der Versuche a - d unbedingter und bedingter Reflex; Erscheinung des bedingten Reflexes wird als Lernvorgang bewertet.	■ Tafel, Lernen: Das Verhalten (hier: eine Reaktion) ändert sich, nachdem bestimmte Erfahrungen vorangegangen sind.
■ Unterrichtsgespräch: Übertragung des Sachverhaltes des bedingten Reflexes auf Tiere	■ Material II./M 3 (AMA): Der *Pawlow*sche Versuch ***Anmerkung:*** *AMA II./M3 kann auch als Arbeitsblatt in die Hand der Schüler gegeben werden; denkbar ist auch, es als Material für eine Leistungsüberprüfung zurückzuhalten.*
■ Unterrichtsgespräch: Wie kann man Tieren etwas beibringen (Frage der Tierdessur)? Die Erörterung der Frage führt über zur ...	
A./B./C. 3. *Skinner*-Box	
Unterrichtliche Anmerkung: *Im Hinblick auf eine Reduzierung des Anspruchsniveaus und auch für den Fall der Zeitenge sollte dieser unterrichtliche Schwerpunkt ausgespart werden und gleich der Übergang zu A./B./C. 4. "Lernen durch Versuch und Irrtum" gewählt werden.*	
■ Vorführung eines Filmausschnitts: Eine Ratte in der *Skinner*-Box	■ FWU-Film 360758: Konditionierung bei Ratten — Konditionierung bei Ratten 1. ***Anmerkung:*** *Auf eine Vorführung der abschließenden Sequenz (Belohnung nach jedem fünften Hebeldruck) sollte verzichtet werden.*
■ Unterrichtsgespräch: Gemeinsamkeiten mit dem *Pawlow*schen Versuch werden aufgezeigt (Befriedigung eines Bedürfnisses wie Hunger im Rahmen eines Lernvorgangs), dann werden die Unterschiede herausgearbeitet.	■ Tafel: siehe Tabelle unten

■ Tafel:	*Pawlow*scher Versuch	*Skinner*-Box
Bedürfnis:	Hunger	Hunger
Reaktion:	Drüsentätigkeit	Muskeltätigkeit
Lernergebnis:	neuer Reiz wird mit angeborener Reaktion verknüpft	zufällige (Re)-aktion verhilft zur Bedürfnisbefriedigung

Erarbeitungsschritte	Medien
Unterrichtliche Anmerkung: *Alternativ zur Demonstration des Films, der in seiner Darstellung doch recht komplex angelegt ist, kann diese Lernform mit Hilfe von Material II./M 4 "Eine Ratte in der* Skinner-*Box" vorgestellt und erarbeitet werden. Dabei empfiehlt es sich, die Analyse der Apparatur zunächst mit Hilfe eines AMA (Folienkopie) im Unterrichtsgespräch zu erreichen; anschließend wird Material II./M 4 den Schülern als Arbeitsblatt übergeben, anhand der Fragen können sie selbständig zu wesentlichen Einsichten gelangen.* ■ Unterrichtsgespräch: Tierdressur nach dem Prinzip der *Skinner*-Box.	
A./B./C. 4. Lernen durch Versuch und Irrtum	
Für diese Unterrichtsphase sind zwei alternative, an Experimenten orientierte Vorgehensweisen denkbar, die sich an den jeweiligen materiellen und organisatorischen Möglichkeiten der Schule orientieren. Der Interessenlage der Schüler wird die Untersuchung von Goldhamstern im Labyrinth näherkommen, weniger aufwendig ist das Vorgehen, bei dem Schüler ein Handlabyrinth "durchlaufen".	
■ Demonstrationsexperiment: Hamster lernen, ein Labyrinth zu durchlaufen	■ Material II./M 5 (Experiment): Goldhamster im Labyrinth
Unterrichtliche Anmerkung: *Es empfiehlt sich, die jeweiligen Apparaturen bzw. Labyrinthe in einer der Unterrichtsstunde vorangehenden Zusammenkunft am Nachmittag anzufertigen.*	
■ Unterrichtsgespräch: Lernen im Labyrinth wird gekennzeichnet als Lernen durch Versuch und Irrtum; Vergleich mit dem *Pawlow*-Versuch und dem Lernen in der *Skinner*-Box	■ Tafel
■ Unterrichtsgespräch: Die erbliche Bedingtheit der Lernfähigkeit	■ Material II./M 6 (AMA): Ameisen und Ratten im Labyrinth
Unterrichtliche Anmerkung: *An dieser Stelle kann vorgegriffen werden auf die für den Humanbereich bedeutsamen Kontroverse von Anlage und Umwelt im Hinblick auf Lernleistungen.*	***Anmerkung:*** *AMA II./M 6 kann den Schülern auch als Arbeitsblatt zur häuslichen Bearbeitung mitgegeben werden.*
A./B./C. 5. Einsichtiges Verhalten	
■ Vorführung einer Filmaufnahme: Einsichtiges Verhalten bei Schimpansen	■ FWU-Film 360190: Lernverhalten bei Schimpansen – Verwendung eines Hilfsmittels
■ Unterrichtsgespräch: Kennzeichen einsichtigen Verhaltens.	■ Tafel: Beim einsichtigen Verhalten geht der Aktion eine "Planungsphase" voraus, dabei wird lediglich in Gedanken nach Versuch und Irrtum durchgespielt, welcher Plan erfolgreich sein könnte. Ein solcher Plan wird dann in Handlung umgesetzt.
alternativ	
■ Unterrichtsgespräch: Einsichtiges Verhalten bei Hunden, Kennzeichen einsichtigen Verhaltens (s.o.).	■ Material II./M 7 (AMA): Umwegverhalten bei Hunden ***Anmerkung:*** *AMA II./M 7 kann den Schülern auch als Arbeitsbogen in die Hand gegeben werden.*
Unterrichtliche Anmerkung: *In einem Vorgriff auf die humanethologische UE kann an dieser Stelle herausgestellt werden, daß diese Lernform ein Spezifikum menschlichen Verhaltens darstellt.*	

Erarbeitungsschritte	Medien
A./B./C. 6. Prägung	
■ Vorführung einer Filmaufnahme: Auf den Menschen geprägte Entenküken (Hinführung auf das Phänomen)	■ FWU-Film 323574: Prägung bei Entenküken – Nachfolgereaktion ***Anmerkung:*** *Es sollte nur die Sequenz gezeigt werden. in der Hühnerküken zur Glucke, Entenküken jedoch auf den Menschen zulaufen, auf den sie geprägt sind.*
■ Unterrichtsgespräch: Nachfolgeprägung	
■ SuS-Übung: Bedingungen der Prägung	■ Material II./M 8 (Materialgebundene Aufgabe): Prägung bei Entenküken
Unterrichtliche Anmerkung: *Für eine leistungsstarke Lerngruppe eignet sich der vorgeschlagene Weg, ausgehend vom im Film vorgestellten Phänomen voranzuschreiten zur Analyse anhand verbalisierter und quantifizierter Versuchsergebnisse. Der schwächeren Lerngruppe sollte nach einer kurzen Phase der Hypothesenbildung der Teil des Films gezeigt werden, in dem die Bedingungen des Prägungsvorganges enthalten sind.*	
■ Unterrichtsgespräch: Biologische Bedeutung der Prägung	
■ Unterrichtsgespräch und SuS-Übung: Hinführung zu weiteren Formen der Prägung (sexuelle Prägung)	■ Material II./M 9 (Materialgebundene Aufgabe): Zebrafinken balzen eine Hand an ***Anmerkung:*** *Alternativ kann auch der IWF-Film C 1085 (Sexuelle Prägung bei Prachtfinken) vorgestellt werden.*
A./B./C. 7. Verknüpfung von angeborenem und erlerntem Verhalten	
■ Unterrichtsgespräch: Angeborenes und erlerntes Verhalten treten nebeneinander auf	■ FWU-Film 360063: Angeborenes und erlerntes Verhalten beim Eichhörnchen. ***Anmerkung:*** *Dieser Film sollte ohne Ton gezeigt werden, die Schüler können sehr wohl herausfinden, welche Verhaltensanteile angeboren, welche erlernt sind.*
■ SuS-Übung: Biologische Bedeutung der Verknüpfung von angeborenem und erlerntem Verhalten ***Unterrichtliche Anmerkung:*** *Dadurch, daß diese Verknüpfung bei zwei Tiergruppen (Amphibien, Säugetiere) vorgestellt wird, klingt die weite Verbreitung dieses Prinzips an. Es ist natürlich auch denkbar, Material II./M 11 im Rahmen einer Leistungsüberprüfung einzusetzen.*	■ Material II./M 10 (Materialgebundene Aufgabe): Eichhörnchen knacken Nüsse ■ Material II./M 11 (Materialgebundene Aufgabe): Obligatorisches Lernen bei Erdkröten

II. / M 1	Patellarsehnenreflex	Materialgebundene AUFGABE

Arbeitsmaterial:

Schema eines Reflexes:

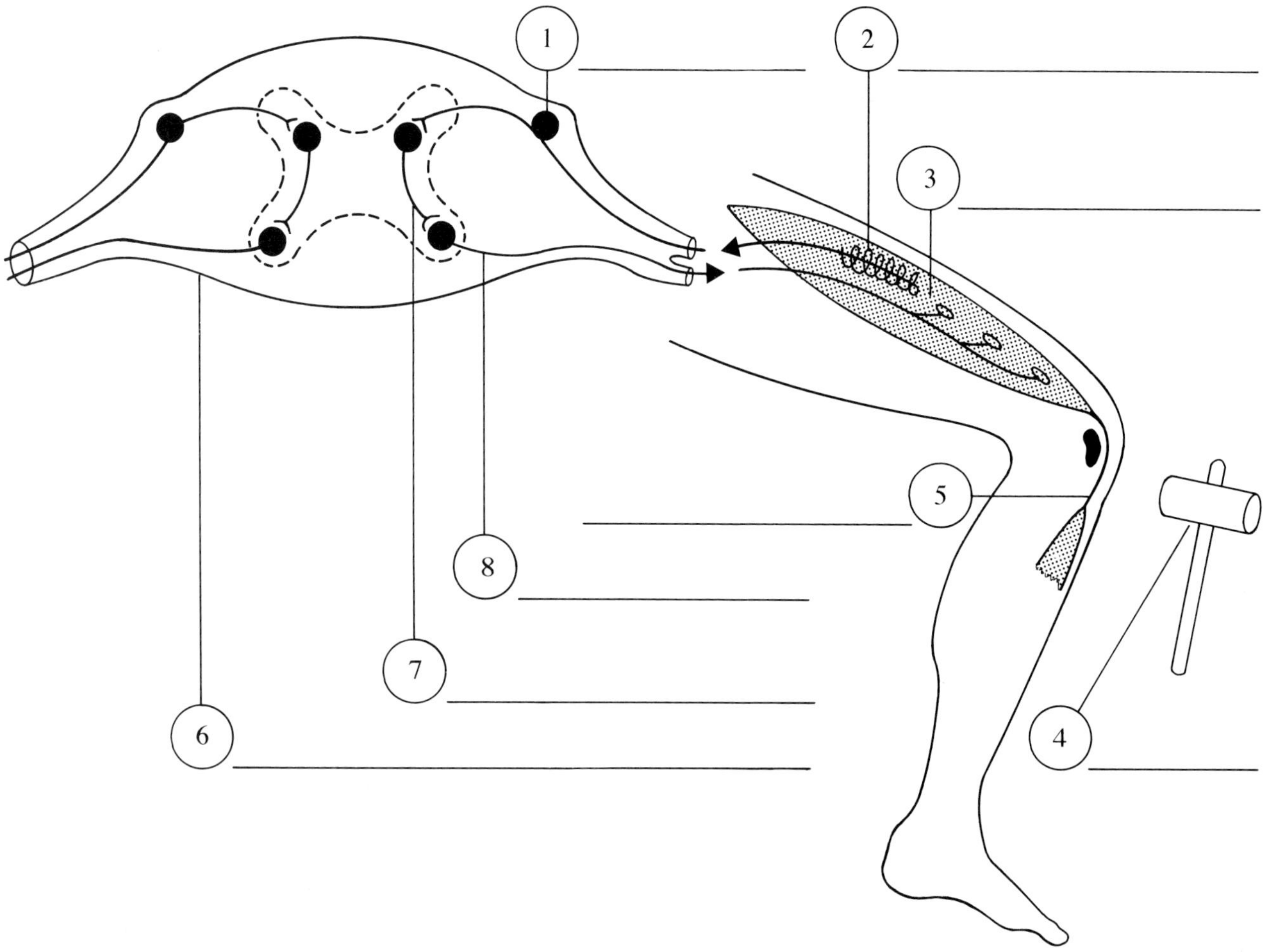

Aufgaben:

a) Nenne 5 verschiedene Reflexe!

b) Um welchen Reflex handelt es sich bei der vorliegenden Abbildung?

c) Beschrifte die verschiedenen Strukturen des abgebildeten Reflexschemas!

d) Bringe folgende Aussagen in ihren richtigen zeitlichen Zusammenhang:

(A) Erregung wird im Rückenmark auf ein motorisches Neuron übertragen;
(B) ein Schlag trifft auf die Patellarsehne und dehnt diese;
(C) Erregung wird über ein sensibles Neuron zum Rückenmark geführt;
(D) die gedehnte Patellarsehne zieht am Unterschenkelstrecker;
(E) über das motorische Neuron gelangt Erregung zum Unterschenkelstrecker;
(F) durch den Zug am Unterschenkelstrecker wird die Muskelspindel gedehnt;
(G) die zum Unterschenkelstrecker kommende Erregung bringt diesen zur Kontraktion;
(H) die Dehnung der Muskelspindel führt zur Erregungsbildung;
(I) die in der Muskelspindel gebildete Erregung wird von einem sensiblen Neuron aufgenommen!

II. / M 2	Bedingter Reflex: Auslösen des Lidschlußreflexes durch einen Pfeifton	EXPERIMENT

Arbeitsmaterial:

Versuchsprotokoll

Thema: Der Lidschlußreflex

Material und Geräte: Trillerpfeife; Versuchsbrille: Es handelt sich um eine Schutzbrille, aus der ein Glas entfernt wurde. An dem Bügel, der zu dem glaslosen Brillenfenster führt, befestigt man mit Tesafilm das zu einer Düse ausgezogene Ende eines Polyethylenschlauches (ein solches Stück findet man z.B. als Teil einer Spritzflasche) so, daß die Düse vorn auf das offene Brillenfenster zeigt. Auf das andere Schlauchende steckt man den Gummischlauch einer Gummiballpumpe.

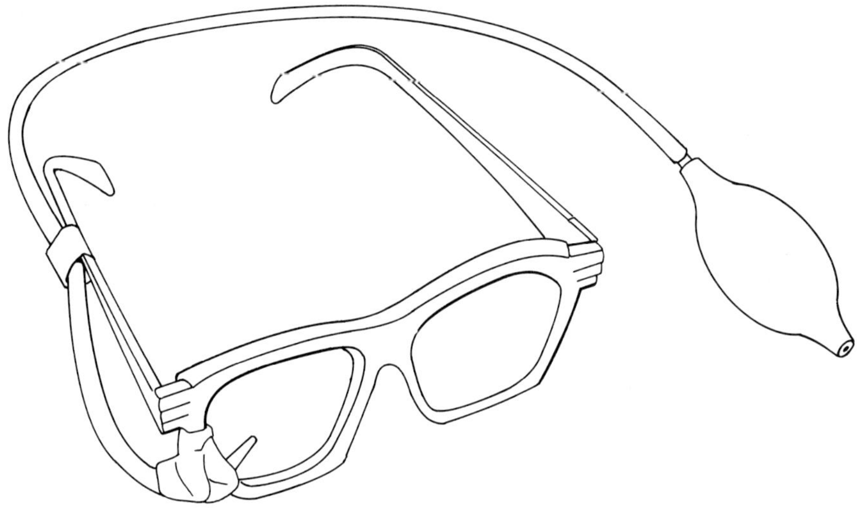

Durchführung: Ein Schüler/eine Schülerin, die Versuchsperson, setzt sich entspannt auf einen Stuhl, legt beide Arme auf die Tischplatte und schaut auf einen gegenüberliegenden Gegenstand des Raumes. Ein Mitschüler/eine Mitschülerin, kurz Versuchsleiter genannt, setzt der Versuchsperson die Brille auf. Dann nimmt der Versuchsleiter die Gummiballpumpe in die eine Hand, in der anderen Hand hält er die Trillerpfeife. Die übrigen Mitglieder der Lerngruppe beobachten die Augen der Versuchsperson.

A. Der Versuchsleiter erzeugt einen kurzen Pfeifton; dieser Pfeifton wird fünfmal wiederholt.

B. Der Versuchsleiter richtet mit Hilfe der Gummiballpumpe einen kurzen Luftstoß auf das Auge der Versuchsperson. Auch dieser Teilversuch wird fünfmal wiederholt.

C. Der Versuchsleiter erzeugt einen kurzen Pfeifton, gleich darauf richtet er auf das Auge der Versuchsperson einen kurzen Luftstoß. Fünfmal wird dieses unmittelbare Nacheinander von Pfeifton und Luftzug wiederholt.

D. Nun, in der letzten Versuchsphase, erzeugt der Versuchsleiter lediglich einen Pfeifton, auch das wird fünfmal wiederholt.

Aufgaben:

a) Stelle deine Beobachtungen in einer Tabelle zusammen!

b) Stelle dann gegenüber, was der Versuchsperson angeboren ist, und was sie gelernt hat!

II. / M 3	**Der *Pawlow*sche Versuch**	**Materialgebundene AUFGABE**

Arbeitsmaterial:

Der russische Mediziner *I. Pawlow* stellte kurz nach der Jahrhundertwende umfangreiche Untersuchungen zur Auslösung des Speichelflusses bei Hunden an.

Um die Menge des Speichelflusses bestimmen zu können, verlagerte er durch einen kleinen Eingriff den Ausführgang der Ohrspeicheldrüse nach außen. Die abgesonderten Speicheltropfen lassen sich nun beobachten.

In vier aufeinanderfolgenden Experimenten (A-D) untersuchte *Pawlow* den Speichelfluß eines Hundes. Wichtig ist der Hinweis, daß das Experiment C wiederholt durchgeführt werden muß, bevor man mit dem Experiment D beginnt:

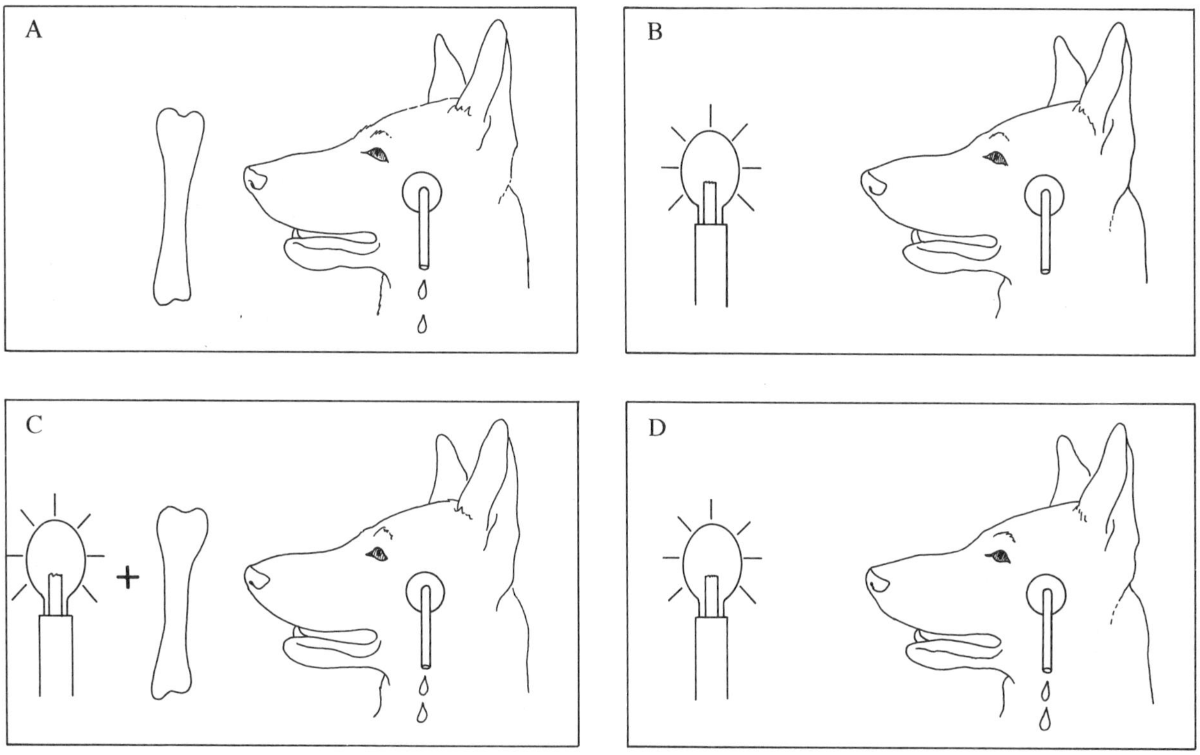

A-D: Hunde mit leicht geöffnetem Maul

Aufgaben:

a) Ergänze folgende Tabelle:

Experiment	Reiz(e)	Reaktion
A	Nahrung	Speichelfluß
B		
C		
D		

b) Ergänze folgenden Lückentext: Der Knochen (die Nahrung) ist der ______________________ Reiz, der dadurch ausgelöste Speichelfluß wird als ______________________ Reaktion gekennzeichnet. Dagegen wird die ______________________ als bedingter Reiz verstanden, die durch ihn ausgelöste Speicheldrüsentätigkeit nennt man ______________________.

c) Beschreibe, was der Hund gelernt hat! ______________________

____

II. / M 4	**Eine Ratte in der *Skinner*-Box**	**Materialgebundene AUFGABE**

Arbeitsmaterial:

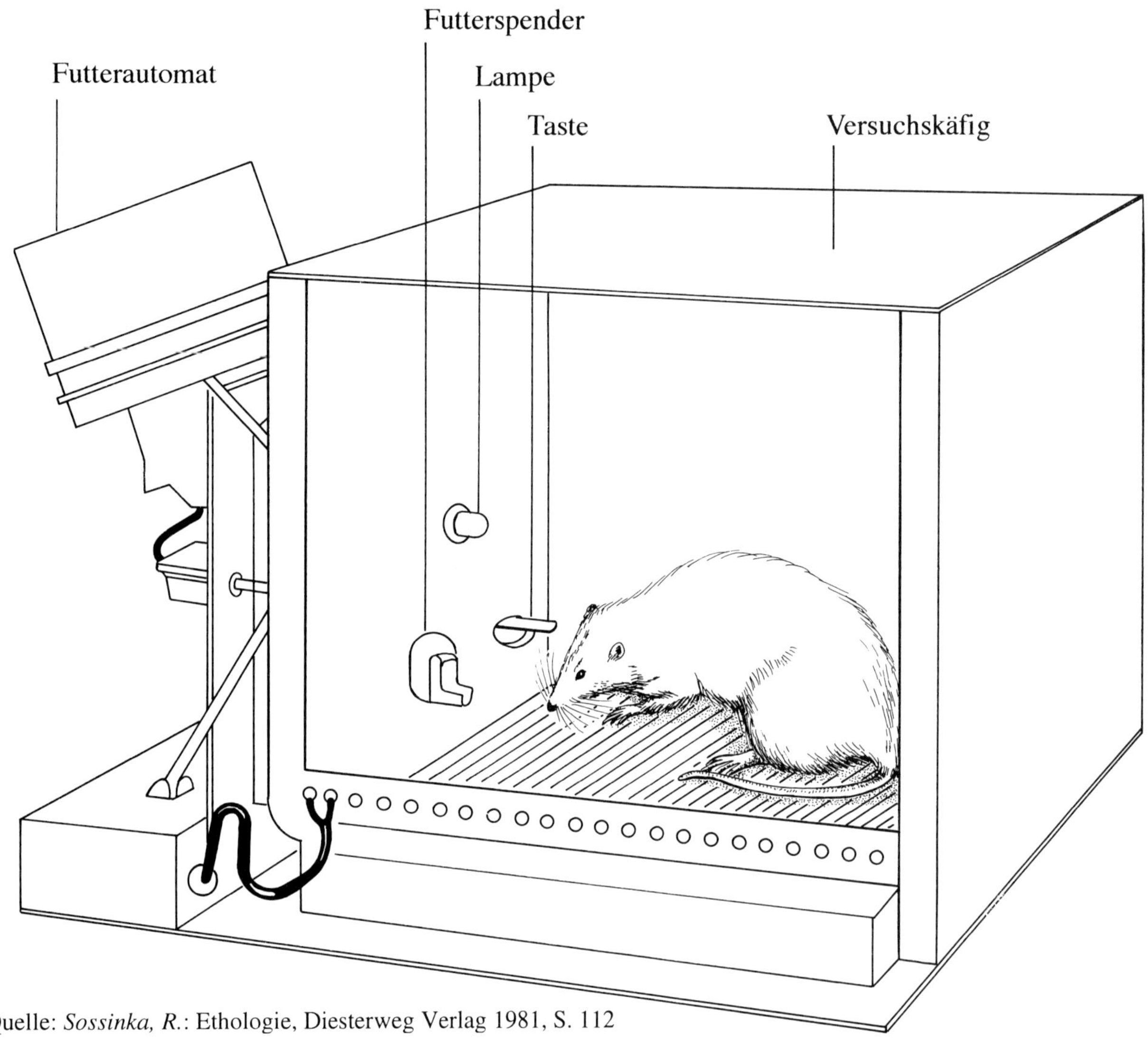

Quelle: *Sossinka, R.*: Ethologie, Diesterweg Verlag 1981, S. 112

Eine Ratte wird in eine *Skinner*-Box gesetzt. Diese besteht aus einem Käfig, an dem ein Futterspender montiert ist. Drückt die Ratte auf eine Taste im Käfig, so fällt aus dem Futterautomaten ein kleines Futterstück in den Futterspender. Aus diesem Futterspender kann die Ratte das Futterstück entnehmen und fressen.

In den ersten 120 Minuten drückt die Ratte relativ selten auf die Taste, doch dann steigert sie ihre Tastendrucke, man kann bis zu 20 Tastendrucke pro Minute beobachten. Später nimmt die Zahl der Tastendrucke pro Minute wieder ab.

Aufgaben:

a) Was hat die Ratte nach mehr als 120 Minuten gelernt?

b) Entwickele eine Hypothese für den Ablauf des Lernvorgangs!

c) Wie kann man erreichen, daß die Ratte immer dann auf die Taste drückt, wenn eine Lampe im Käfig aufleuchtet?

d) Warum verwendet man für solche Untersuchungen hungrige Ratten?

II. / M 5	Goldhamster im Labyrinth	EXPERIMENT

Arbeitsmaterial:

Versuchsprotokoll

Thema: Labyrinthversuch mit Goldhamster

Material und Geräte: Goldhamster (erhält 16 Stunden vor Versuchsbeginn keine feste Nahrung, lediglich Wasser); Karton von der Größe eines Schuhkartons mit einem Durchschlupfloch an der Stirnseite, Durchmesser: 5 cm; Kunststoffplatte oder -folie in den Maßen 45 cm x 65 cm; Stoppuhr; 3 %ige Essigsäurelösung; Labyrinth: Im Fachhandel läßt man sich 10 cm breite Sperrholzstreifen zuschneiden. Es werden 2 Streifen von 60 cm Länge, 2 von 40 cm Länge und 5 von 35 cm Länge benötigt. In die 40 cm langen Stücke wird je ein Durchschlupfloch mit einem Durchmesser von 6 cm gesägt bzw. gefräst. Dann werden die Holzstreifen gemäß der folgenden Skizze verleimt:

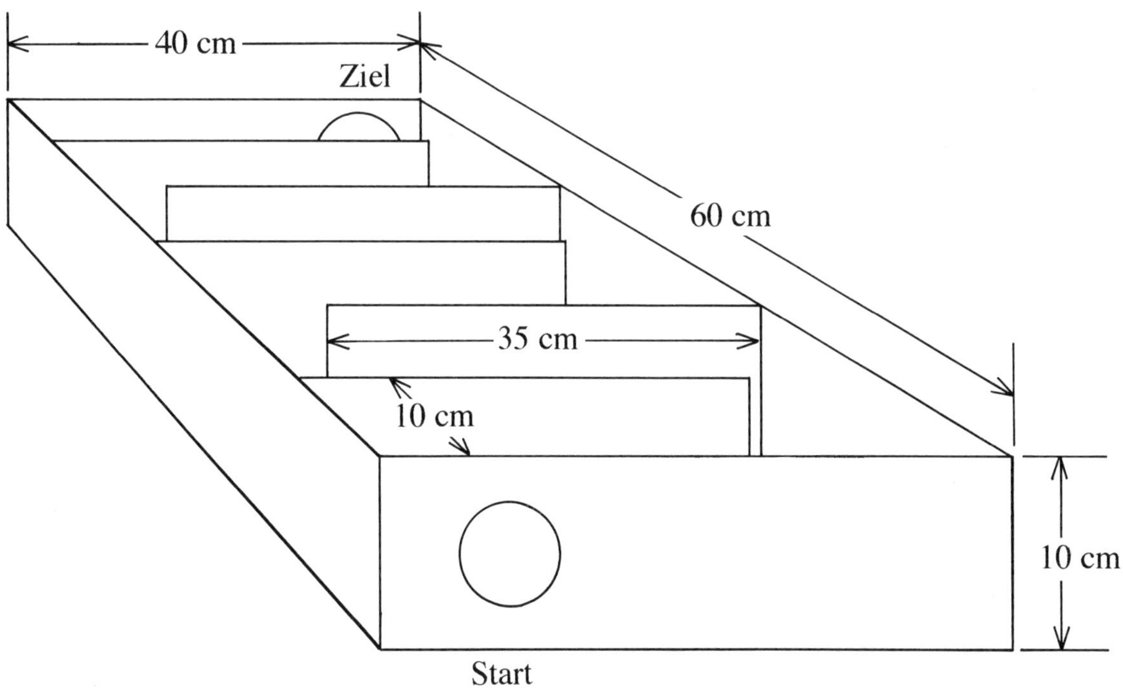

Quelle: *Gattermann, R.*: Verhaltensbiologisches Praktikum, Aulis Verlag Deubner & Co KG Köln 1990, S. 57

Durchführung: Das Labyrinth wird auf die Kunststoffplatte bzw. -folie gestellt. Den Hamster setzt man nun in den "Startkarton" und stellt diesen mit seiner Durchtrittsöffnung so an die Startöffnung des Labyrinths, daß der Goldhamster das Labyrinth betreten kann. Ist dieser in das Labyrinth gelangt, wird die Startöffnung mit Hilfe des Schuhkartons zugestellt. Wenn das Tier das Labyrinth über die Zielöffnung verlassen hat, wird es mit einem Futterkorn belohnt und für 5 Minuten in seinen Käfig zurückgesetzt. Es wird zum einen die für das Durchlaufen des Labyrinths benötigte Zeit gemessen, zum anderen werden die Fehler gezählt. Als Fehler gelten das Zurücklaufen (je Labyrinthkammer ein Fehler) und das am Ziel Vorbeilaufen. Das Tier wird insgesamt 15mal durch das Labyrinth geschickt.

Aufgaben:

Führe die oben beschriebenen Labyrinthversuche durch!

Übertrage die Ergebnisse in ein Koordinatensystem; dabei wird auf der Abszisse die Anzahl der Durchgänge, auf der Ordinate die Fehlerzahl aufgetragen!

II. / M 6	Ameisen und Ratten im Labyrinth	Materialgebundene AUFGABE

Arbeitsmaterial:

Folgendes Labyrinth (Abb. 1) kann sowohl für Ratten als auch für Ameisen verwendet werden. Ein einzelnes Tier wird an den Anfang des Labyrinths (A) gesetzt, es durchläuft den schraffierten Teil bis zur Wendemarke (W). Ein Beobachter zählt, wie häufig das Tier auf diesem Weg von A bis W einen Fehler macht, d.h. an einer Kreuzung die Schnauze in den falschen Gang steckt oder diesen Gang gar betritt. In dem nicht schraffierten Gang erreicht das untersuchte Tier den Labyrinthausgang (E).

Die Beobachtungsergebnisse werden graphisch dargestellt, indem für jeden Durchgang (Abszisse) die dazugehörige Fehlerzahl (Ordinate) aufgetragen wird (Abb. 2).

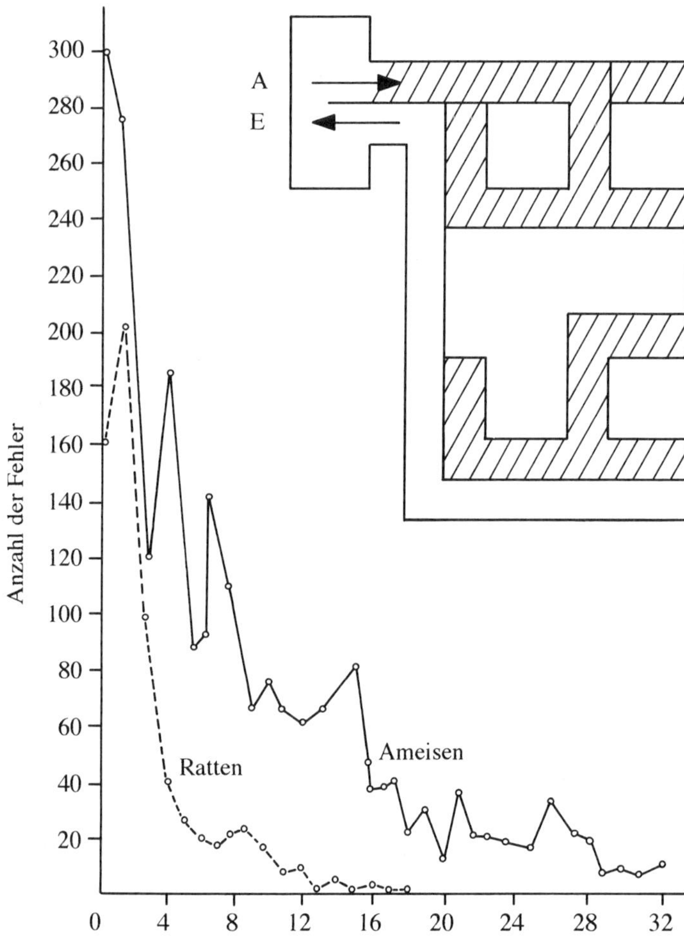

Abb. 2

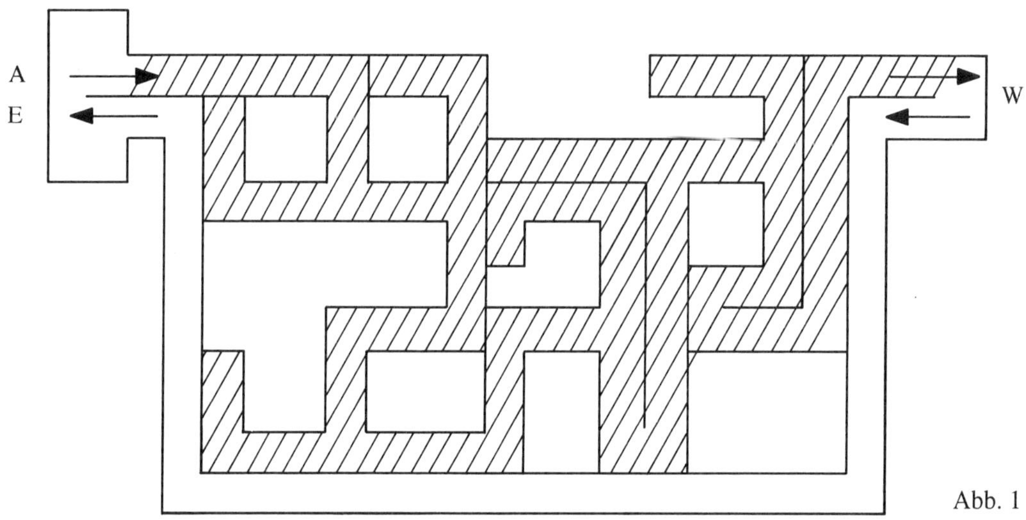

Abb. 1

Quelle: *Tembrock, G.*: Grundlagen der Tierpsychologie, Vieweg u. Sohn Verlagsgesellschaft 1974, S. 184

Aufgaben:

a) Gehe mit dem Bleistift einen fehlerfreien Weg durch das Labyrinth! Beschreibe und vergleiche die Ergebnisse für Ratten und Ameisen!

b) Erkläre den Verlauf beider Graphen!

II. / M 7	Umwegverhalten bei Hunden	Materialgebundene AUFGABE

Arbeitsmaterial:

Zwei hungrige Hunde (Hund A und Hund B) werden nacheinander in folgende Situation versetzt:

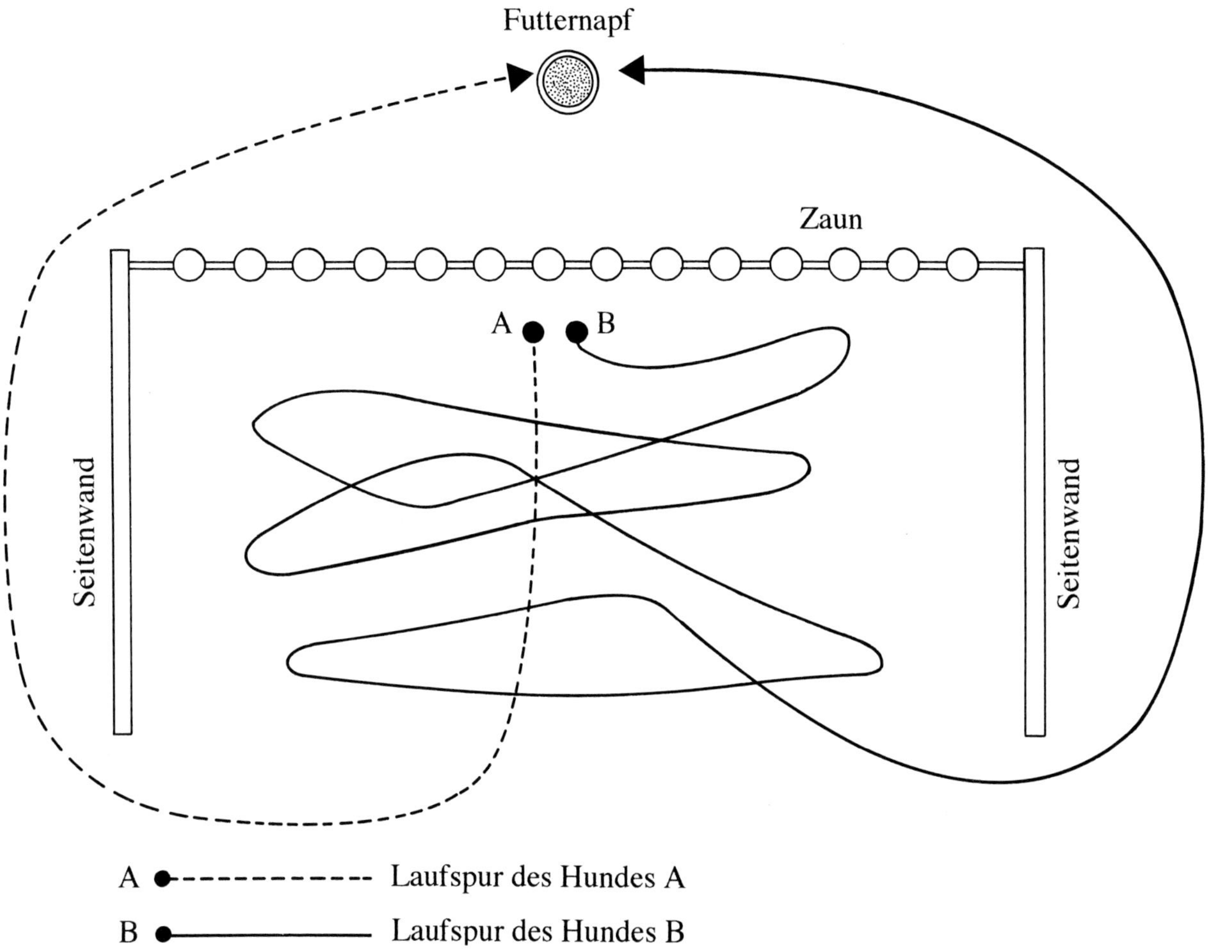

Ein 20 m langer Zaun wird beidseitig durch je eine Seitenmauer abgegrenzt. Während die Tiere durch den Zaun hindurchsehen können, erlaubt die Seitenmauer keinen Durchblick.

Nun wird das Versuchstier zur Mitte des Zaunes gebracht. Dieser Startposition gegenüber wird ein gefüllter Futternapf aufgestellt. Das Verhalten des Tieres wird beobachtet, seine Laufspuren im frisch geharkten Boden des Versuchsgeländes werden festgehalten. Die Laufspur des Hundes A ist durch eine gestrichelte Linie wiedergegeben, die des Hundes B durch eine durchgezogene Linie.

Aufgaben:

a) Vergleiche die Laufspuren der beiden Hunde!

b) Charakterisiere das unterschiedliche Verhalten der beiden Hunde!

c) Welches Verhalten der Hunde wäre zu erwarten, wenn die beiden Seitenwände vor Versuchsbeginn entfernt worden wären?

II. / M 8	Prägung bei Entenküken	Materialgebundene AUFGABE

Arbeitsmaterial:

Ein Stockentenküken wird im Brutkasten erbrütet. Gleich nach dem Schlüpfen wird es in einen kreisförmigen Laufgang, in das sogenannte Prägungskarussel gesetzt. Dort wird eine aufgehängte Stockerpelattrappe langsam im Kreis bewegt, über einen in diese Attrappe eingebauten Lautsprecher tönt ständig eine Tonbandaufnahme: "gock, gock...". Das Entenküken folgt zunächst zögernd, dann bereitwillig dem Stockentenerpel aus Pappmaché. Dann wird das Entenküken wieder in den Brutkasten zurückgesetzt. Der Versuchsleiter achtet sorgfältig darauf, daß das Entenküken keinen Menschen oder Artgenossen sieht.

Am Tage darauf wird es dann wieder in das Prägungskarussel gesetzt, und zwar zwischen die ihm bekannte Erpelattrappe (A) und eine ihm unbekannte Attrappe eines Stockentenweibchens (B), die über einen eingebauten Lautsprecher den natürlichen Lockruf von sich gibt:

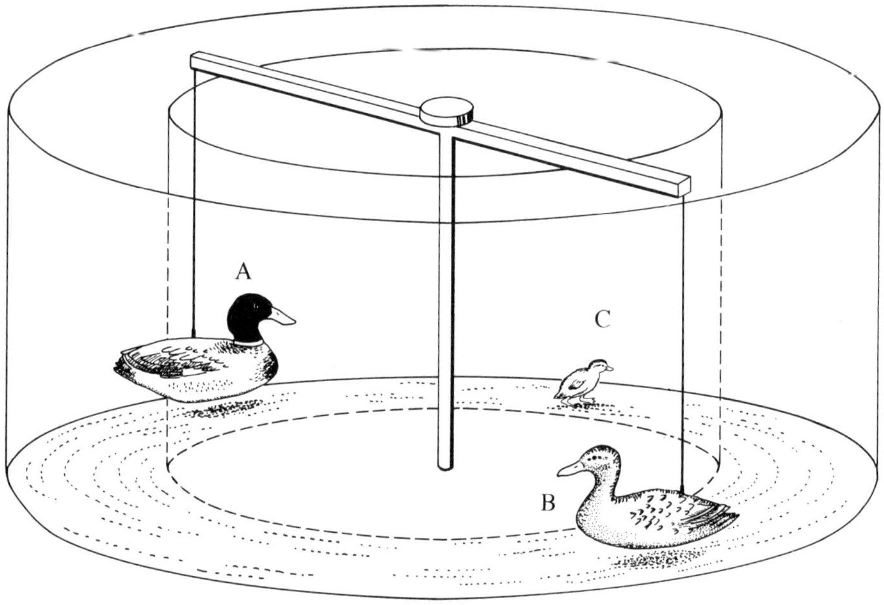

Entenküken im Prägungskarussel

Jedes Küken bleibt etwa 4 Minuten im Laufrund des Prägungskarussels, dabei muß es nacheinander vier verschiedene Testsituationen durchlaufen. Eine solche Testsituation kann z.B. sein: "Erpelattrappe bewegungslos und stumm, Weibchenattrappe bewegt sich und lockt." Der Versuchsleiter beobachtet, ob das Entenküken zu der Attrappe hinläuft und in der Folgeminute bei ihr verweilt (Reaktion 1) und ob das Entenküken in der Nähe der Attrappe noch zusätzlich Zufriedenheitslaute von sich gibt (Reaktion 2).

Mit einer größeren Zahl von Entenküken kann man folgende Testergebnisse erhalten (die Reaktion der Entenküken auf die Attrappen wurde in Punkten ausgedrückt, getrennt für die Reaktion 1 und die Reaktion 2).

Testphase	Erpelattrappe	Reaktion des Kükens auf die Attrappe				Weibchenattrappe
		Erpel		Weibchen		
		(1)	(2)	(1)	(2)	
1	bewegungslos und stumm	15	10	0	0	bewegungslos und stumm
2	bewegungslos, "Gock"-rufend	15	10	0	0	bewegungslos, natürlicher Lockruf
3	bewegungslos, "Gock"-rufend	15	10	0	0	bewegt sich, natürlicher Lockruf
4	bewegungslos und stumm	15	10	0	0	bewegt sich, natürlicher Lockruf

Aufgaben:

a) Erläutere, warum der Versuchsleiter dafür sorgte, daß die Entenküken keinen Menschen oder Artgenossen sahen!

b) Fasse die Testergebnisse in wenigen Sätzen zusammen!

c) Was haben die im Prägungskarussel vorbehandelten Entenküken gelernt?

d) Nenne den biologischen Sinn der Nachfolgeprägung bei Entenküken!

II. / M 9	Zebrafinken balzen eine Hand an	Materialgebundene AUFGABE

Arbeitsmaterial:

Zebrafinkeneier werden mit Hilfe einer Brutmaschine bebrütet. Nachdem ein Junges geschlüpft ist, wird es in einen Käfig gesetzt. Es bekommt keine Artgenossen zu Gesicht. In bestimmten Abständen schiebt ein Tierpfleger seine Hand in den Käfig und füttert das Jungtier. Auch das Säubern des Käfigs übernimmt der Pfleger. Bis zu seiner Geschlechtsreife, nach etwa 12-14 Wochen, wird der Zebrafink unter solchen Bedingungen gehalten. Man bezeichnet so aufgezogene Tiere auch als handaufgezogen.

Wieder hält der Pfleger seine Hand zur Fütterung des Jungvogels in den Käfig. Da geschieht etwas Überraschendes: Der geschlechtsreife Zebrafink balzt die Hand des Pflegers an:

Quelle: *Immelmann, K.*: Einführung in die Verhaltensforschung, Parey-Verlag 1983, S. 105

Er zeigt die arttypischen Bewegungen und Lautäußerungen, die man auch bei unter normalen Bedingungen aufgewachsenen Zebrafinken beobachten kann, wenn sie weibliche Artgenossen anbalzen.

Wird ein isoliert gehaltenes Zebrafinkenmännchen während seiner ersten 40 Lebenstage mit Hilfe eines Fütterungsautomaten versorgt und erst vom 41. Tag an durch die Hand des Pflegers, so wird es nach Eintritt der Geschlechtsreife in der Regel nicht die Hand des Pflegers anbalzen.

Aufgaben:

a) Erkläre die dargestellten Befunde, indem du folgende Fragen beantwortest:
   1. Was ist dem Zebrafinken angeboren?
   2. Was muß der Zebrafink lernen?
   3. Wie bezeichnet man diese Art des Lernens?
   4. Wie bezeichnet man die ersten 40 Tage?

b) Welches Versuchsergebnis erwartest du für den Fall, daß man Zebrafinken von Japanischen Mövchen aufziehen läßt?

II. / M 10	Eichhörnchen knacken Nüsse	Materialgebundene AUFGABE

Arbeitsmaterial:

Erfahrene Eichhörnchen öffnen ihre Nüsse mit geringem Kraftaufwand. Sie nagen auf der Breitseite einer Haselnuß eine Furche bis zur Spitze. Wenn es erforderlich ist, nagen sie auf der gegenüberliegenden Breitseite eine zweite Furche. Dann setzen sie ihre unteren Nagezähne wie einen Hebel ein und sprengen die Nuß in zwei Hälften, damit liegt der Samen frei und kann gefressen werden.

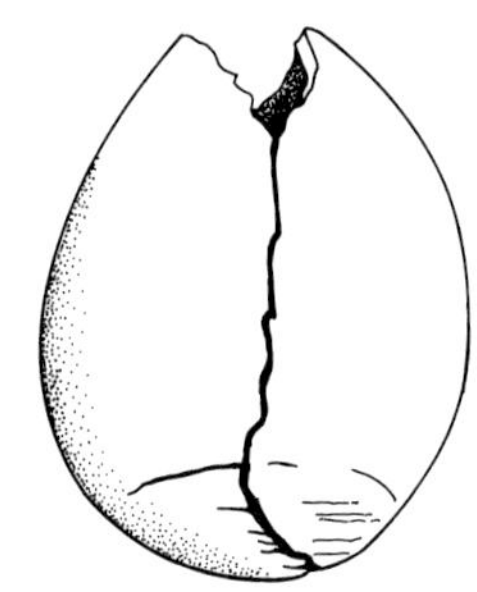

Unerfahrene Eichhörnchen dagegen nagen regellos an verschiedenen Stellen einer Haselnuß. Auch sie setzen ihre unteren Nagezähne wie einen Hebel ein und versuchen, die Nuß zu sprengen. Doch sie haben mit dem Sprengen nur dann Erfolg, wenn die Nagespuren auf der Breitseite der Nuß zur Spitze hin eine Furche bilden.

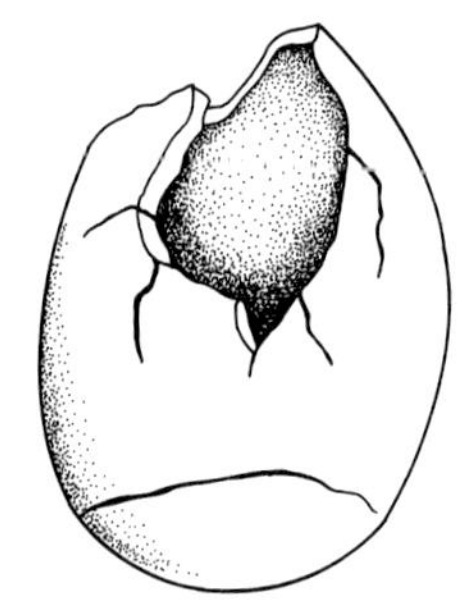

Quelle: *Eibl-Eibesfeldt, I.*: Grundriß der vergleichenden Verhaltensforschung, R. Piper & Co. Verlag, München 1967

Der *Bau einer Haselnuß* ist u.a. dadurch gekennzeichnet, daß die Zellulosefasern in der Schale zur Spitze hin verlaufen. Untersuchungen haben erbracht, daß das Nagen einer Furche parallel zur Faserrichtung weniger Kraft erfordert als das Nagen einer Furche quer zur Faserrichtung. Zudem rutschen nagende Zähne von der stärker gewölbten Seite einer Nuß leichter ab als von der mehr planen Breitseite.

Aufgaben:

a) Worin liegt der Vorteil für ein Eichhörnchen, Haselnüsse so zu knacken, wie man es bei erfahrenen Eichhörnchen beobachten kann?

b) Stelle Vermutungen darüber an, wie aus einem unerfahrenen ein im Knacken von Nüssen erfahrenes Eichhörnchen wird!

II. / M 11	Obligatorisches Lernen bei Erdkröten	Materialgebundene AUFGABE

Arbeitsmaterial:

Es ist für Erdkröten wichtig, zwischen genießbarer und ungenießbarer Nahrung unterscheiden zu können. In den folgenden Untersuchungsreihen A-D wird die Frage geklärt, *warum erfahrene Erdkröten Libellen verspeisen, Wespen jedoch verschmähen.* Dazu wurde das Insekt an einem dünnen Faden vor den Augen einer Kröte hin- und herbewegt:

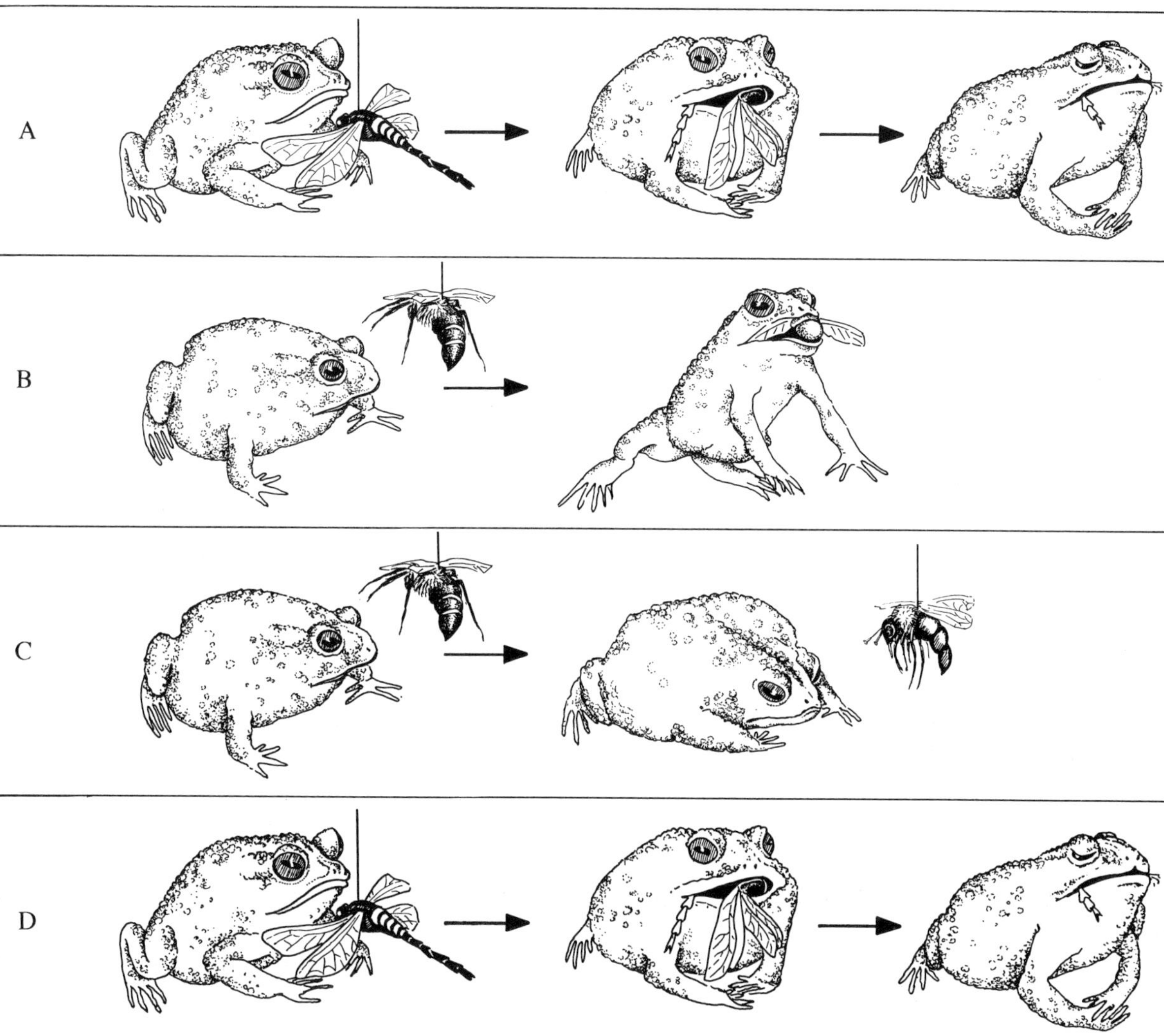

Quelle: *Bunk, B.* und *Tausch, J.*: Grundlagen der Verhaltenslehre, Westermann Verlag 1975, S. 130 ff.

Aufgaben:

a) Beschreibe die Untersuchungsergebnisse!

b) Beantworte mit Hilfe der Ergebnisse die eingangs formulierte Frage!

II.2.3 Lösungshinweise zu den Aufgaben der Materialien

II. / M 1

a) Niesreflex, Lidschlußreflex, Hustenreflex, Rückziehreflex, Brechreflex.

b) Kniesehnenreflex (Patellarsehnenreflex)

c) 1 sensible Nervenfaser
   2 Muskelspindel
   3 Muskel (Strecker)
   4 Hammer
   5 Sehne (Patellarsehne)
   6 Rückenmark
   7 Nervenfaser
   8 motorische Nervenfaser

d) B → D → F → H → J → C → A → E → G

II. / M 2

a) A. Am Auge keine Reaktion
   B. Lidschluß
   C. Lidschluß
   D. Lidschluß

b) Das Herunterziehen des Lides auf einen Luftstrom hin ist der Versuchsperson angeboren, es handelt sich um einen Reflex. Wird das Lid auf einen Pfeifton hin heruntergezogen, muß man von einer erlernten Reaktion sprechen.

II. / M 3

a)

Experiment	Reiz	Reaktion
A	Nahrung	Speichelfluß
B	Licht	—
C	Licht + Nahrung	Speichelfluß
D	Licht	Speichelfluß

b) unbedingte ...unbedingte ...Lampe ...bedingten Reflex

c) Der Hund hat gelernt, auf das Aufleuchten einer Lampe hin Speichel abzugeben.

II. / M 4

a) Sie hat gelernt, auf eine Taste zu drücken, um an Futter zu gelangen.

b) Zunächst hat die Ratte zufällig auf die Taste gedrückt und dann das herausgefallene Futterkorn aufgenommen. Auch ein zweites Mal mag sie zufällig die Taste gedrückt haben. Das Futterkorn hat sie dann wieder aufgenommen. Nun muß bei der Ratte einer Verknüpfung zwischen der Information "Drücken der Taste" und der Information "Ein Futterkorn fällt in den Spender" hergestellt worden sein. Durch weitere "Übungen" wurde diese Verknüpfung verstärkt. Man konnte dann sagen, daß die Ratte gelernt habe, auf die Taste zu drücken, um ein Futterkorn zu erhalten.

c) Mit dem Drücken des Hebels müßte ein Schalter betätigt werden, der die Lampe zum Aufleuchten bringt.

d) Satte Ratten sind möglicherweise träge und weniger bereit, Erkundungsbewegungen auszuführen wie z.B. das zufällige Drücken auf eine unbekannte Taste.

II. / M 5

Mit zunehmender Zahl der Durchläufe wird der Goldhamster weniger Fehler machen, man kann eine Lernkurve wie in II./M 7 erwarten.

II. / M 6

a) Mit diesem "Nachgehen" sollen die Schüler erfahren, daß es sich um ein durchaus anspruchsvolles Labyrinth handelt.

b) Bei beiden Arten ist die Fehlerzahl zunächst recht hoch, sie nimmt dann (in fast exponentiellem Verlauf) nach mehreren Durchgängen rasch ab, bei Ratten schneller als bei Ameisen. Auffällig ist das "Auf-und-Ab" in der Lernkurve der Ratten.

Die Tiere lernen, immer weniger Fehler beim Durchlaufen des Labyrinths zu machen. Die Unterschiede zwischen Ratten und Ameisen müssen genetisch bedingt sein.

II. / M 7

a) Hund A schlägt gleich einen Umweg ein und gelangt so auf kürzestem Wege zum Futternapf. Hund B dagegen versucht offensichtlich durch ein "Hin-und-Her" zum Ziel zu kommen, macht dabei viele überflüssige Wege, bis auch er den erforderlichen Umweg einschlägt.

b) Hund A: Einsichtiges Verhalten (Überblicken der Umwegsituation). Hund B: Planloses Hin-und-Her-Laufen, ein Vorgehen nach Versuch und Irrtum.

c) Beide Hunde wären wohl bis zum Ende des Zauns und dann zum Futternapf gelaufen.

II. / M 8

a) Somit können die Entenküken kein Lebewesen kennengelernt haben, dem sie nachfolgen könnten.

b) In jeder Testsituation wurde die Erpelattrappe bevorzugt, das gilt sowohl für das Hinlaufen zur Attrappe (Reaktion 1) als auch für das zusätzliche Ausstoßen von Zufriedenheitslauten (Reaktion 2).

c) Es hat gelernt, einer Erpelattrappe nachzulaufen.

d) somit ist sichergestellt, daß ein Entenküken dem Lebewesen nachfolgt, das es nach dem Schlüpfen wiederholt sieht. Das wird in der Regel ein Elterntier sein.

II. / M 9

a) 1. arttypische Bewegungen und Lautäußerungen während der Balz;
2. wen es in der arttypischen Weise anbalzt;
3. sexuelle Prägung;
4. sensible Phase.

b) Sie werden eben diese Mövchen anbalzen, sobald sie geschlechtsreif sind.

II. / M 10

a) Sie müssen weniger Kraft aufwenden und rutschen mit ihren Zähnen nicht so häufig ab.

b) Eichhörnchen werden nach dem Prinzip von Versuch und Irrtum lernen, die Nüsse mit geringem Aufwand an Kraft und Zeit zu öffnen. Es liegt also ein Lernvorgang zugrunde.

II. / M 11

a) Frösche schnappen nach Libellen und verspeisen sie (A). Auch nach Wespen schnappen sie (B), schlukken sie aber wohl nicht herunter, da sie von ihnen gestochen werden. Später (C) meiden sie Wespen, d.h. sie schnappen nicht mehr nach ihnen. Libellen verfolgen sie weiterhin als Nahrung (D).

b) Offensichtlich lernen Erdkröten, zwischen genießbaren und ungenießbaren Lebewesen zu unterscheiden. Angeboren ist ihnen lediglich die Reaktion des Schnappens und Herunterschluckens.

II.3 Medieninformation

II.3.1 Audiovisuelle Medien

FWU-Film 360758: Konditionierung bei Ratten — Konditionierung bei Ratten 1: Skinner-Box, 5,5 min, f

Annotation: *Der Film demonstriert das Lernverhalten von Ratten in einer bestimmten Versuchsanordnung (*Skinner-*Box). Die Ratte lernt in kleinen Schritten, wie sie in einem Schälchen Futter erhält. Ein Lichtsignal dient als zusätzlicher Verstärker für den Lernvorgang. Ein angeschlossener Ereignisschreiber registriert die Häufigkeit der Hebeldrucke und hält so den Fortschritt des Lernerfolges fest.*

Anmerkung: *Der grundsätzliche Bau einer* Skinner-*Box läßt sich mit Hilfe dieses Films gut zeigen. Auf die abschließende Sequenz, in der nur jeder fünfte Hebeldruck mit Futter belohnt wird, sollte man wohl verzichten.*

FWU-Film 360190: Lernverhalten bei Schimpansen — Verwendung eines Hilfsmittels, 5,5 min, sw

Annotation: *Der Film zeigt Versuche zur Untersuchung des Lernverhaltens bei Schimpansen. Das Tier setzt ihm gebotenes Werkzeug nach einigen Versuchen richtig zusammen und angelt damit eine anders nicht zu erreichende Frucht.*

Anmerkung: *Einsichtiges Verhalten läßt sich sowohl bei der richtigen Zusammensetzung und bei der Verwendung des Werkzeugs erkennen. Von einem sog. Umwegverhalten muß man dann sprechen, wenn der Schimpanse einen Apfel zunächst von sich weg bewegt, um ihn dann auf sich zu ziehen zu können.*

FWU-Film 3203550: Sexuelle Prägung bei Prachtfinken, 8 min, f

Annotation: *Der Film zeigt die Aufzucht junger Zebrafinken durch eine andere Prachtfinkenart, das Japanische Mövchen. Trotz erheblicher Unterschiede im Aussehen werden eigene und fremde Junge abwechselnd mit Futter versorgt. Die von der fremden Art aufgezogenen Zebrafinken-Männchen richten später ihr Balzverhalten ausschließlich auf die Art der Stiefeltern. Das wird mit lebenden Weibchen und mit Weibchen-Attrappen verdeutlicht.*

Anmerkung: *Ergänzend zur Nachfolge-Prägung bei Entenküken kann mit diesem Film eine weitere Form der Prägung vorgestellt werden. Auf der anderen Seite kann man auch mit diesem Arbeitsstreifen in die Thematik der Prägung einsteigen, indem man mit der Filmsequenz beginnt, in der Zebrafinken-Männchen weibliche Japanische Mövchen anbalzen.*

FWU-Film 3203574: Prägung bei Entenküken — Nachfolgereaktion, 17 min, sw

Annotation: *Die für Nestflüchter wichtige Mutter-Kind-Bindung wird in den ersten Lebensstunden nach dem Schlüpfen geprägt. Durch Versuche wird dargestellt, daß Entenjungen das Wesen als Mutter anerkennen, das ihnen zuerst begegnet, Laute äußert und sich bewegt. Junge Enten werden im Versuch auf sich bewegende Holzattrappen mit Lautsprecherstimme geprägt. Nach kurzer Zeit schon wird die Prägung wirksam — das Junge folgt der Ersatzmutter. Jedoch sind junge Enten, bei denen die sensible Phase überschritten wurde, nicht mehr prägbar. Größe, Farbe und Gestalt der Mutter ist für die Prägung unwichtig. Das Junge folgt auch einer ball- oder pyramidenförmigen Attrappe, wenn sie sich bewegt und rhythmische Laute äußert. Die Prägung bleibt bis zum Selbständigwerden der Jungen bestehen.*

Anmerkung: *Störend wirkt bei diesem Film der anthropomorph gefärbte Kommentar, man sollte daher auf ihn verzichten. Auf der anderen Seite kann man einzelne Sequenzen so anbieten, daß auch Schüler der Sek. I sich den Sachverhalt der Prägung selbständig erschließen können.*

WBF-Film: Zielgerichtetes Handeln bei Menschenaffen, 14 min, f

Annotation: *Schimpansen verstehen es, mit Werkzeugen umzugehen. Stangen werden eingesetzt, um Hindernisse zu überwinden und in die Kronen der Bäume zu gelangen. Kisten und Stöcke werden verwendet, um eine hoch hängende Banane zu angeln. Diese Aufgabe wird mehreren Schimpansen hintereinander gestellt. Nicht alle lösen sie gleich gut. Die Bedeutung der sozialen Stellung innerhalb der Gruppen beeinflußt die Aktivitäten der einzelnen Schimpansen. Jungtiere beobachten das Verhalten der Alten und imitieren es. Sie lernen somit durch Erfahrung und Nachahmung.*

Anmerkung: *Besonderes Interesse verdient der Film deshalb, weil er zum einen viele Facetten des Vorgangs Lernen aufzeigt und zum anderen den Einfluß der sozialen Komponente deutlich macht. Es empfiehlt sich auf jeden Fall eine sequentielle Darbietung.*

II.3.2 Zeitschriften

Bayrhuber, H. und **Vosskämper, K.**: Schulversuche zum Lernverhalten von Goldhamstern auf dem Hochlabyrinth. Praxis der Naturwissenschaften-Biologie, 1976 (25. Jg.), Heft 2, S. 29-41, Aulis Verlag Deubner & Co KG, Köln

Anmerkung: *In diesem Aufsatz werden die experimentellen Grundlagen, im Biologieunterricht gewonnene Ergebnisse, lerntheoretische Erklärungsmodelle und unterrichtliche Erfahrungen mit diesen Experimenten ausführlich vorgestellt und mit Hilfe zahlreicher Abbildungen veranschaulicht.*

Birett, H.: Versuche zur klassischen Konditionierung. Der mathematische und naturwissenschaftliche Unterricht, 32, Heft 2, 1979, S. 89-103

Buchholtz, C. und **Döhl, J.** (Hrsg.): Lernen. Unterricht Biologie, 1979, Heft 33, Friedrich Verlag

Anmerkung: *In diesem Themenheft werden neben dem Basisartikel (*C. Buchholtz*) für den Sek. I-Bereich folgende Modelle vorgestellt:*

- *Prägungsversuche an Hühnerküken (Jg. 6)*
- *Lernen muß man lernen (Jg. 8)*
- *Lernformen – anschaulich dargestellt (8.-10. Jg.)*

Jungbauer, W. (Hrsg.): Gedächtnis und Lernen. Praxis der Naturwissenschaften 36, Heft 1, Aulis Verlag Deubner & Co KG (1987)

Anmerkung: *Es handelt sich hier zwar vorwiegend um Beiträge für den Unterricht in der Sek. II, dennoch sei die Lektüre einzelner Beiträge empfohlen. Zum einen wird interessante Basisinformation vermittelt, zum anderen ist das eine oder andere Material auch für den Unterricht in der Sek. I gut geeignet.*

II.3.3 Bücher

Bunk, G. und **Tausch, J.**: Grundlagen der Verhaltenslehre. Westermann Verlag, Braunschweig (1975)

Anmerkung: *Diese Einführung in die Verhaltenslehre kann auch dem interessierten Schüler in die Hand gegeben werden.*

Deutsches Institut für Fernstudien an der Universität Tübingen (Hrsg.): Lernen I. In der Reihe "Verhaltensbiologie für Lehrer der Klassenstufen 5-10", Tübingen (1986)

Anmerkung: *siehe Band Lernen II !*

Deutsches Institut für Fernstudien an der Universität Tübingen (Hrsg.): Lernen II. In der Reihe "Verhaltensbiologie für Lehrer der Klassenstufen 5-10", Tübingen (1988)

Anmerkung: *Die beiden Bände "Lernen I" und "Lernen II" bieten dem weniger mit der Materie vertrauten Fachlehrer eine behutsame, sich auf relativ wenige Beispiele beschränkende Einführung in Fragestellungen, Arbeitsweisen und Ergebnisse der Lernforschung.*

Eibl-Eibesfeldt, I.: Grundriß der vergleichenden Verhaltensforschung — Ethologie. Piper Verlag, München (1972)

Anmerkung: *Ein Standardwerk, das seine Stärken u.a. in der Fülle der Beispiele und der umfassenden Literaturzusammenstellung hat.*

Hess, E.: Prägung. Die frühkindliche Entwicklung von Verhaltensmustern bei Tier und Mensch. Kindler Verlag, München (1975)

Anmerkung: *In diesem Werk werden Forschungsergebnisse (vorwiegend) an Hühner- und Entenvögeln vorgestellt und ihre Bedeutung für die Entwicklung anderer Lebewesen erörtert. Insbesondere wird auch die Kontroverse zwischen Instinkt- und Erfahrungstheorie erörtert. Dieses Werk eignet sich als Nachschlagewerk für den Fachlehrer, der sich vertieft mit dem Sachverhalt der Prägung auseinandersetzt.*

Sinz, R.: Lernen und Gedächtnis. Gustav Fischer Verlag, Stuttgart (1976)

Anmerkung: *Der Schwerpunkt dieses Bandes ist in einer Systematik von Lernvorgängen zu sehen. Dabei werden auch historische Ansätze berücksichtigt. Im letzten Kapitel geht der Autor auch auf "moderne Tendenzen biologischer Gedächtnisforschung" ein, im Hinblick auf das Erscheinungsjahr dieses Bandes darf man allerdings nicht zuviel Aktualität erwarten.*

Skrzipek, K. H.: Praktikum der Verhaltensforschung. Teubner Verlag, Stuttgart (1978)

Anmerkung: Diese Anleitung für verhaltenskundliche Experimente ist zwar für den Hochschulbereich konzipiert. Sie bietet aber auch dem Lehrer der Sek. I wertvolle Anregungen für die eine oder andere Untersuchung.

Darüber hinaus mag der interessierte Fachkollege diesem Band entnehmen, wie vielfältig die experimentellen Ansätze im verhaltenskundlichen Bereich angelegt sind.

Vester, F.: Denken, Lernen, Vergessen. Deutscher Taschenbuch Verlag, München (1985)

Anmerkung: *In anschaulicher und sprachlich unkomplizierter Weise werden biologische Grundlagen des Lernens vorgestellt, dabei geht der Autor auch auf die verschiedenen Stufen des Gedächtnisses ein. Im Anhang werden zahlreiche, durchaus auch im Sek. I-Bereich umsetzbare Anregungen für Gedächtnistests vorgestellt.*

Zupanc, G. K. H.: Praktische Verhaltensbiologie, Parey Verlag, Hamburg (1988)

Anmerkung: *siehe unter III. 3.3 !*

III. Unterrichtseinheit (UE): Soziales Verhalten bei Tieren

Lernvoraussetzungen:
Angeborenes Verhalten bei Tieren.

Gliederung:
Die Pfeile geben die hier vorgeschlagene Unterrichtssequenz inhaltlicher Schwerpunkte dieser Unterrichtseinheit an. Es sind aber auch andere Sequenzen denkbar.

1. Tiere leben zusammen

↓

2. Verständigung bei Tieren

↓

3. Tiere in ihrem Revier

↓

4. Rangordnung bei Tieren

↓

5. Paarung bei Tieren

↓

6. Brutpflege bei Tieren

Zeitplanung:
Für diese Unterrichtseinheit sind ca. 8 Stunden vorgesehen. Der zeitliche Aufwand verringert sich um 1 Stunde, wenn auf eine Erarbeitung des Sender- Empfänger- Modells verzichtet wird.

III.1 Sachinformationen:

Aggression:

Nach *Barnett* (1963) versteht man darunter "jedes Verhalten zur Vertreibung anderer" (Artgenossen und artfremde Individuen). Man sollte diese Formulierung zu folgender umformen: Gemeinsames Kennzeichen aller aggressiven Handlungen ist, daß sie zu einer räumlichen oder sozialen Distanzierung führen. So verläßt der Verlierer einer aggressiven Auseinandersetzung zwischen zwei Wölfen den Futterplatz, eine räumliche Distanzierung ist das Ergebnis. Durch einen Kampf zwischen zwei Wölfen kann sich auch der Platz des Verlierers in der Rangordnung eines Wolfsrudels ändern, damit ist eine soziale Distanzierung erreicht. Damit wird deutlich, daß das Ziel aggressiver Handlungen weniger die Verletzung oder gar der Tod des Kontrahenten als dessen Vertreibung bzw. Distanzierung ist.

In der Regel unterscheidet sich das innerartliche aggressive Verhalten deutlich von der zwischenartlichen Auseinandersetzung. So wehrt sich eine Orynx-Antilope gegen einen Wildhund mit ihrem spitzen Gehörn, gegen einen Artgenossen, mit dem sie um einen Sexualpartner kämpft, würde sie diese Waffe nicht einsetzen.

Nach *Lorenz* liegt aggressiven Verhaltensweisen ein einheitlicher Aggressionstrieb zugrunde (Triebtheorie der Aggression). Danach gibt es eine im Inneren des Tieres lokalisierte Antriebserzeugung, die die Handlungsbereitschaft für aggressives Verhalten immer größer werden läßt. Dies führt zu einem Suchverhalten nach aggressionsauslösenden Reizsituationen. Bleibt eine Auslösung aggressiver Verhaltensweisen aus, kommt es zu Übersprungshandlungen oder zur Verlagerung aggressiven Verhaltens auf Ersatzobjekte. Dieser Erklärung aggressiven Verhaltens als instinktgebundener Verhaltensweise wird zunehmend widersprochen. Hier wird insbesondere die Frage aufgeworfen, ob nicht aggressives Verhalten, das ja im Zusammenhang mit vielen anderen Handlungssystemen (Nahrungserwerb, Sexualverhalten, Revierverhalten, Rangordnungsverhalten u.a.) vorkommt, nicht in jedem Zusammenhang anders und somit unterschiedlich gesteuert wird. Die biologische Bedeutung wird sehr vielfältig gesehen, sie ist insbesondere abhängig von dem übergeordneten Funktionszusammenhang. So wird durch aggressives Verhalten im Rahmen des Sexualverhaltens größeren und stärkeren Tieren eine größere Fortpflanzungschance eingeräumt. Durch die Verteidigung eines Reviers werden u.a. Nahrungsressourcen so aufgeteilt, daß die Alttiere sich und ihre Jungen ernähren können. Insgesamt wird aggressivem Verhalten ein durchaus arterhaltender Wert zugesprochen.

Aggregation:

Ein zufälliger Zusammenschluß von Tieren, dessen Ursachen in den Umweltbedingungen liegen. So findet man z.B. Fische an Stellen nahrungsreichen oder sauerstoffreichen Wassers. Auch die Ansammlung verschiedener Savannentiere an Wasserstellen ist als Aggregation zu bewerten.

Agonistisches Verhalten:

Eine vorwiegend im angelsächsischen Schrifttum gebräuchliche Bezeichnung für die Verhaltensbereiche Angriff, Flucht und solche Bereiche, die sich aus einer Überlagerung von Flucht- und Aggressionsverhalten ergeben, wie z.B. Drohverhalten.

Anonymer Verband:

Diese Form des Verbandes liegt dann vor, wenn sich die Tiere sozial anziehen, ohne daß sich dabei zwischen ihnen individuelle Bekanntschaften entwickeln.

In *offenen anonymen Verbänden* ist die Größe und Zusammensetzung nicht festgelegt. Einzeltiere können aus ihnen verschwinden und hinzukommen. Beispiele: Fischschwärme (Hering), Vogelschwärme (Star). Es fällt auf, daß vom Schwarm getrennte Tiere bemüht sind, wieder Anschluß zu gewinnen.

In einem *geschlossenen anonymen Verband* kennen sich die Mitglieder zwar auch nicht individuell, an einem typischen Merkmal, wie z.B. dem Gruppengeruch, wird jedoch überprüft, ob ein Artgenosse zur Gruppe gehört oder nicht. Gruppenfremde Tiere werden abgewiesen und häufig angegriffen. Beispiele: Ratten, viele staatenbildende Insekten.

Altruistisches Verhalten

liegt dann vor, wenn sich ein Individuum für einen Artgenossen aufopfert, d.h. auf Nahrung oder ganz allgemein auf günstige Lebensbedingungen verzichtet. Dieses Verhalten erscheint auf den ersten Blick wenig sinnvoll, gewinnt jedoch an Zweckmäßigkeit, wenn man beachtet, daß in der Regel nächste oder nahe Verwandte von einem solchen altruistischen Verhalten profitieren. Damit ist dann die Weitergabe (eines Teils) eigener Gene letztlich doch gewährleistet.

Außenseiterreaktion:

Vom Normaltypus abweichende Formen bzw. Individuen werden angegriffen bzw. ausgestoßen. Man kann eine solche Außenseiteraggression auslösen, indem man Hühner farbig fleckt. So gekennzeichnete Tiere werden angegriffen und gegebenenfalls zu Tode gehackt.

Ano-Genital-Kontrolle:

Hier wird die Anal- und Genitalregion geruchlich und geschmacklich überprüft. Beim Geschlechtspartner wird so der Sexual- bzw. Brunststatus erkundet. Bei gegenseitiger Kontrolle nehmen die Tiere häufig eine Antiparallelstellung ein, d.h. die beiden Tiere berühren sich gegenseitig mit den Flanken und die Ano-Genital-Region ihres Gegenüber mit der Schnauze.

Balzverhalten:

Darunter versteht man ein Vorbereitungs- oder Werbeverhalten bei Tieren mit innerer Befruchtung oder dort, wo die männlichen Geschlechtszellen in unmittelbarer Nähe der Eizellen abgegeben werden. Durch das Balzverhalten wird Kontakt aufgenommen, die Partner werden aufeinander eingestimmt und in ihren Bewegungsabläufen synchronisiert.

Das zunächst erforderliche Zusammenführen der Geschlechter gelingt durch optische Anlockung, wie z.B. das aus Schwanzdeckfedern gebildete "Rad" der männlichen Pfauen. Es können auch Lichtsignale anlocken, wie z.B. bei Glühwürmchen. Bei Vögeln dominiert die akustische Anlockung durch Gesang.

Die mit der Kopulationseinleitung verbundene gegenseitige Annäherung setzt oft aggressive Tendenzen frei. Diese Tendenzen abzubauen ist eine weitere wichtige Aufgabe des Balzverhaltens. Ein solch aggressionshemmender Mechanismus ist z.B. im "demonstrativen Verstecken von Waffen" zu sehen: Störche klappern ihre Schnäbel mit weit nach hinten über den Rücken gebogenem Hals.

Solche und andere Verhaltenselemente im Rahmen der Balz sind häufig ritualisierte Verhaltensweisen, die anderen Funktionskreisen entstammen. So entstammt das in die Balz eingebaute "Zärtlichkeitsfüttern" dem Funktionskreis Brutpflege. Das während der Balz bei Schwänen zu beobachtende rhythmische Eintauchen des Kopf-Hals-Bereichs in das Wasser ist dem Bereich des Nestbauverhaltens entlehnt. Solche ritualisierten Verhaltensweisen haben Signalcharakter mit verändertem Bedeutungsgehalt. "Bei der Brandente heißt Hetzen also vermenschlicht ausgedrückt: Vertreibe jeden Feind aus unserem Revier. Für die Stockente jedoch bedeutet das Hetzen des Weibchens: Ich liebe dich." (*Lorenz, K.*).

Beschädigungskämpfe:

Bei innerartlichen Auseinandersetzungen, wie im Rahmen von Rangordnungsauseinandersetzungen, kann es auch zu ernsthaften Verletzungen oder gar zum Tod des Angegriffenen kommen. Man bezeichnet solche Kämpfe als Beschädigungskämpfe. So versuchen z.B. Haushähne bei ihren Angriffssprüngen, mit dem Sporn des Fußes den Hals des Gegners zu treffen. Meist jedoch gelingt es diesem, zu fliehen und so eine schwere Verletzung zu vermeiden. Bei anderen Arten, wie z.B. bei Wölfen, bricht der Unterlegene den Kampf ab, indem er eine Demutsstellung einnimmt. So bieten unterlegene Wölfe z.B. ihre Kehle an und signalisieren damit ihre Unterwerfungsbereitschaft.

Brutpflegeverhalten:

Im Verlauf der Evolution haben sich zwei grundverschiedene Formen zur Sicherung ausreichenden Nachwuchses herausgebildet. Zum einen gibt es Arten, die große Mengen von Nachkommen produzieren, ohne sich dann weiter um diese zu kümmern. Der größte Teil der Nachkommen geht vor Erreichen der Reproduktionsreife zugrunde. Beispielhaft seien hier genannt Karpfen, Grasfrosch, viele Insektenarten. Andere Arten gehen einen entgegengesetzten Weg: Sie produzieren relativ wenige Nachkommen, versorgen diese jedoch mehr oder weniger aufwendig. Zumindest ein Elternteil verweilt immer oder für bestimmte Zeiten bei den Jungen. Man spricht dann von Brutpflege. Diese kann entweder die Versorgung mit Futter beinhalten oder auch weitere pflegerische Maßnahmen wie Wärmen, Schützen vor Nässe und Wind oder hygienische Handlungen umfassen.

Der Umfang der pflegerischen Maßnahmen hängt u.a. davon ab, in welchem Entwicklungszustand die Jungen geboren werden (siehe Sachinformation zur IV. UE: → *Lagerjunges*, → *Laufjunges*, → *Tragjunges*, → *Tragling*). Deutlich ist die Tendenz, daß je unreifer die Jungen geboren werden, desto aufwendiger ist der zu beobachtende pflegerische Aufwand. Hinzu kommt folgendes: Bei höheren Tieren, wie z.B. Vögeln und Säugern, geht die Bedeutsamkeit der Brutpflege über eine physische Versorgung der Jungtiere hinaus. Im brutpflegerischen Umfeld haben die Jungen die Möglichkeit, über das Instinktverhalten hinaus weitere Verhaltensweisen, die ein Zurechtfinden in physischer und sozialer Umwelt erleichtern bzw. ermöglichen, zu erlernen. Rhesusaffen z.B., denen der Umgang mit Mutter und Altersgenossen im stark reduzierten brutpflegerischen Umfeld verwehrt ist, zeigen später beträchtliche Ausfälle in wichtigen Verhaltensbereichen.

Viele Handlungen im brutpflegerischen Bereich sind erbkoordiniert. So wird z.B. das Bettelpicken der Silbermöwenjungen durch den Schlüsselreiz "roter Schnabelfleck" ausgelöst; das Picken selbst ist dann wieder Schlüsselreiz für das Hervorwürgen der Nahrung, die dann vom Silbermöwenküken aufgenommen wird. Selbst im Humanbereich kann man derartige Erbkoordinationen beobachten, so z.B. die Handgreifreaktion.

Bei Laufjungen bzw. Nestflüchtern muß kontinuierlich sichergestellt sein, daß die Jungen mit den Elterntieren in Kontakt bleiben und von ihnen wiedererkannt werden. Dem Kontaktverhalten dienen häufig Lautsignale, die man auch Stimmfühlungslaute nennt. Bei Rehen auf der Flucht wird der Kontakt durch den weißen Spiegel der Alttiere aufrechterhalten.

Drohen:

Auch hier handelt es sich, wie beim → *Imponieren*, um eine dem eigentlichen Kampf vorausgehende Verhaltensweise. Sie enthält die Intention des Angriffs oder des Kampfes, allerdings wird der körperliche Kontakt mit dem Kontrahenten vermieden. Viele Drohhandlungen sind mit Lautäußerungen verbunden, so z.B. beim Hund mit einem Knurren, bei Katzen mit einem Fauchen. Das innerartliche Drohen ist nicht immer vom Imponieren zu trennen.

Der arterhaltende Wert von Drohen und Imponieren liegt im wesentlichen darin, daß derartige Formen der Auseinandersetzung weniger energieaufwendig und weniger risikobelastet sind.

Imponieren:

Geht dem eigentlichen Kampf voraus und unterscheidet sich vom → *Drohen* dadurch, daß jegliche Angriffstendenz fehlt. Es werden beeindruckende Körpermerkmale bzw. Fähigkeiten zur Schau gestellt. So machen sich z.B. Wölfe oder Hunde größer, indem sie die Haare aufrichten. Bei Vögeln äußert sich Imponieren häufig durch Aufblähung des Gefieders. Daneben unterscheidet man auch Imponieren durch Bewegungen, Abgabe von Duftstoffen oder durch Lautäußerungen.

Individualisierter Verband:

Hier kennen sich die Mitglieder der Gruppe persönlich. Sie können ein Gruppenmitglied von einem anderen unterscheiden. Häufig wird in solchen Verbänden eine Rangordnung ausgebildet. Beispiele: Wölfe, viele Primaten.

Kommentkämpfe:

Hier werden Kämpfe nach bestimmten Regeln ausgetragen. Das Wissen um diese Regeln und ihre Umsetzung ist den Tieren angeboren. Meist werden solche Kämpfe nur mit bestimmten Körperteilen und Bewegungen ausgetragen. So setzen Hirsche bei ihren Rivalenkämpfen erst dann ihr Geweih ein, wenn sie sich mit ihren Köpfen frontal gegenüberstehen. Zuvor beschreibt jeder Kämpfer einen vollen Kreis und bietet seinem Gegner dabei die ungeschützte Seite an. Diese Situation wird von beiden Tieren jedoch nicht ausgenutzt. Häufig setzen sich bei Kommentkämpfen solche Tiere durch, die stärker und ausdauernder sind. Das schwächere Tier gibt auf, wenn seine Kraft nachläßt. Allgemein gilt, daß gerade die Tiere, die gefährliche Waffen besitzen, diese in Rangordnungskämpfen nicht einsetzen oder aber anders einsetzen, als wenn sie mit einem artfremden Angreifer kämpfen würden.

Kommunikation zwischen Tieren:

Tiere einer Art können sich häufig verständigen, sie kommunizieren dann miteinander. Dies gilt insbesondere für sozial lebende Formen. Im Rahmen der Kommunikation werden Informationen zum Zwecke der Verständigung ausgetauscht. So teilt ein unterlegener Wolf seinem überlegenen Artgenossen sein Einverständnis mit dem Ergebnis einer Auseinandersetzung dadurch mit, daß er sich klein macht, den Schwanz anzieht und die Ohren zurücklegt. Die Information "Ich bin der Unterlegene" wird vom unterlegenen Wolf *codiert*, indem er sich in der beschriebenen Weise verhält. Er und der überlegene Wolf verfügen über einen gemeinsamen *Code*, d.h. eine Menge von gemeinsamen Signalen. Folglich kann der überlegene Wolf die codierte Information wieder *decodieren*, d.h. das vom unterlegenen Wolf gezeigte Verhalten als Aussage im Sinne von: "Ich bin der Unterlegene" entschlüsseln. Beim *Sender*, dem unterlegenen Wolf, wird also eine Aussage bzw. Information codiert. Der *Empfänger*, der überlegene Wolf, decodiert die verschlüsselte Information. Die Kenntnis des Codes ist den Tieren einer Art angeboren. Die Elemente eines solchen Codes können Bewegungen, Körperhaltungen, Düfte, Lautäußerungen o.a. sein, ihre Abgabe ist in der Regel erbkoordiniert. Die Signale selbst werden von einem AAM des Empfängers aufgenommen und erkannt. Zumeist wird der Empfänger auch gleichzeitig Sender sein und umgekehrt. So kann der überlegene Wolf seine Überlegenheit durch durchgedrückte Beine, aufgerichteten Schwanz und aufgestellte Ohren ausdrücken. Diese Information kann dann vom unterlegenen Wolf, nun in der Rolle des Empfängers, entschlüsselt werden.

Im Verlaufe der Evolution wurde die Abstimmung von Sender und Empfänger ständig verbessert. Eine Veränderung von Sender und Empfänger bzw. des gemeinsamen Codes war nur in wechselseitiger Abstimmung möglich. Es gibt auch zwischenartliche Verständigungsmöglichkeiten. Das Imponieren, Drohen oder auch Beschwichtigen kann auch zwischen Tieren verschiedener Arten verstanden werden. Die Signale bei den betroffenen Arten können so ähnlich sein, daß sie zwischenartlich verstanden werden. Möglich ist auch, daß der Code einer Art durch Lernvorgänge erweitert wird. So kann ein Hund, der seit seiner Kindheit mit einer Katze zusammenlebt, den erhobenen Schwanz einer Katze durchaus anders bewerten als nach seinem angeborenen Decodierungsschema. Der Vorteil einer solchen zwischenartlichen Verständigung liegt auf der Hand: Zu Verletzungen führende Auseinandersetzungen werden vermieden, energieaufwendige Kampfhandlungen überflüssig.

Rangordnungsverhalten:

Rangordnungen wurden erstmals bei Hühnern beschrieben und hier als Hackordnung benannt, da die Ränge der Hennen durch Hakken ermittelt werden. Das Ergebnis solcher *Rangordnungskämpfe* findet dann seinen Niederschlag in der *Rangordnung*, die so die physische Stärke und die Geschicklichkeit der Tiere widerspiegelt. Die Tiere, die einander individuell kennen, orientieren ihr Verhalten an dem Ausgang vorangegangener Rangordnungskämpfe. Der zuvor Unterlegene weicht dem Sieger aus bzw. ordnet sich ihm unter. Jedes Tier merkt sich seinen Platz in der Rangordnung. Bei höheren Säugetieren wie z.B. bei Pavianen sind über die physische Stärke hinaus weitere Eigenschaften bedeutsam bei Rangordnungsauseinandersetzungen: Kontakte herstellen, Initiative ergreifen, Feinde abwehren, Schwache schützen, Streit schlichten u.a. Insgesamt spielt auch die Lebenserfahrung eines Tieres eine wichtige Rolle. So können ältere Tiere trotz schwindender Körperkräfte ihren Rang behaupten, wenn sie ihre Routine bei Rangordnungsstreitigkeiten einsetzen. Während man bei Hühnern gemischtgeschlechtliche Rangordnungen feststellt, bilden Paviane getrennt für Männchen und Weibchen Rangordnungen aus. Bei Dohlen wiederum erlangt ein Weibchen den Rang des mit ihm verpaarten Männchens.

Aus dem hohen Rang eines Tieres werden viele Vorrechte abgeleitet, so z.B. das Recht, als erstes zu fressen, den besten Schlafplatz zu besetzen oder das Weibchen während der Hochbrunst zu begatten. Andererseits erwachsen aus einem hohen Rang auch Verpflichtungen der Gruppe gegenüber, wie z.B. die Gruppe zu schützen und sich zwischen die Gruppe und die Gefahrenquelle zu stellen. Der Vorteil einer Rangordnung für die Gruppe ist offensichtlich. Sieger und Unterlegener sparen Energie und Risiko, wenn nach Festlegung einer Rangordnung die erreichten

Positionen akzeptiert werden. Des weiteren profitiert die Gruppe von einem "fähigen" Rangoberen, der die Gruppe verteidigt oder Streit schlichtet. Die rangniederen Tiere haben ihre Ruhe vor den Überlegenen, dadurch wird Streßvermeidung und somit eine höhere Fitness erreicht.

Bei kämpferischen Auseinandersetzungen unterscheidet man → *Kommentkämpfe* und → *Beschädigungskämpfe.*

Revierverhalten:

Man spricht auch von Territorialverhalten. Ein solches Verhalten liegt vor, wenn Tiere ihren Lebens- oder Aktionsraum abgrenzen und gegen Artgenossen verteidigen.

Nach der Besetzung eines Reviers muß dieses gegenüber den Artgenossen, die kein Revier oder ein anders besetzt halten, kenntlich gemacht werden. Man spricht dabei von *Reviermarkierung.* Häufig ist bei Säugetieren eine chemische Markierung. Bekannt ist allseits das Spritzharnen bei Hunden oder Wölfen. Auch die Abgabe von Kot oder Duftstoffen aus speziellen Drüsen kann der Markierung dienen. Vögel markieren ihr Revier bevorzugt akustisch, d.h. durch Gesang oder wie beim Buntspecht durch Trommeln auf hohle Äste. Unter optischer Markierung versteht man die Tatsache, daß der Revierinhaber zunächst durch seine Anwesenheit selbst anzeigt, daß er Revierinhaber ist. Häufig kommen auffällige Stellungen, Bewegungen oder Farben hinzu. So erfüllt der rote Bauch des Stichlingsmännchens die Funktion der Reviermarkierung.

Die biologische Bedeutung territorialen Verhaltens ist im wesentlichen darin zu sehen, daß dem jeweiligen Tier bzw. der jeweiligen Gruppe eine ungestörte Nutzung der Ressourcen ermöglicht wird. So kann ein Revier Nahrung und Wasser bieten, Höhlen und Nistplätze bereitstellen und Fluchtwege und Zufluchtsorte enthalten. Durch territoriales Verhalten wird erreicht, daß sich die Individuen einer Art gleichmäßig über die ihnen zur Verfügung stehende Fläche verteilen; somit wird die Ausbreitung einer Art erreicht.

Ein Revier wird in der Regel verteidigt, man bezeichnet das diesbezügliche Verhalten als *Revierverteidigung.* Dringt ein Angreifer trotz Markierung in ein fremdes Revier ein, so antwortet der Revierinhaber mit einer Folge abgestufter Reaktionen. Zunächst reagiert er durch → *Imponieren* und → *Drohen.* In den meisten Fällen läßt sich damit der Nebenbuhler abweisen, eigentliche Kampfhandlungen sind nicht erforderlich. Läßt sich der Nebenbuhler durch Drohen oder Imponieren allerdings nicht vertreiben, schließen sich → *Kommentkämpfe* oder gar → *Beschädigungskämpfe* an. Als besonders kampffreudig stellen sich Revierinhaber dar, wenn sie im Zentrum ihres Reviers bedrängt werden. Dann sind sie durchaus in der Lage, auch stärkere Rivalen zu vertreiben. An der Grenze ihres Reviers dagegen zeigen z.B. Stichlingsmännchen eine deutlich geringere Neigung zu kämpfen.

Soziale Verbände:

Bei sozial lebenden Formen unterscheidet man verschiedene Formen des Zusammenschlusses: → *Aggregation,* → *anonymer Verband,* → *individualisierter Verband.* Es besteht kein Zweifel, daß das Zusammenschließen von Tieren zu Verbänden dem angeborenen Verhaltensrepertoire angehört. Zusätzlich kann dieses Verhalten durch Lernvorgänge und Traditionsbildung verändert und somit besser an die jeweiligen Umweltbedingungen angepaßt werden. So gehen Paviane bei gutem Futterangebot in großen Trupps auf Futtersuche; ist das Futter knapp, so teilt sich ein großer Trupp in mehrere kleine Gruppen auf, die einzeln nach Futter suchen.

Der Vorteil des Zusammenschlusses läßt sich für einige Arten nachweisen. So beobachtet man z.B., daß die Zahl der Angriffe auf eine Taubengruppe mit zunehmender Gruppengröße abnimmt.

Sozialverhalten:

Liegt dann vor, wenn Tiere einer Art miteinander in Kontakt kommen und aus diesem Miteinander spezielle auf den Sozialpartner gerichtete Verhaltensweisen erwachsen. So gehört z.B. zum Bereich des Sozialverhaltens, wenn ein Amselmännchen ein anderes aus seinem Revier vertreibt. Nicht zum Sozialverhalten sind Beziehungen zu Artfremden zu rechnen, wie z.B. Räuber Beute-Beziehungen, Parasitismus oder Symbiose.

Es gibt nur wenige Tierarten, bei denen Artgenossen nie miteinander in Kontakt kommen. Dies ist bevorzugt bei festsitzenden (sessilen) Arten der Fall, so z.B. bei Schwämmen oder Hohltieren. Solche Formen bezeichnet man als *solitär.* Der Gegenbegriff zu sozial ist also solitär (und nicht etwa asozial).

Auffällig ist also, daß fast alle höheren Arten soziale Verhaltensweisen entwickelt haben. Solche Verhaltensweisen müssen also einen Vorteil für die jeweilige Art bieten. Diesbezügliche Vorteile sind offensichtlich, wenn es z.B. um das Fütterungsverhalten einer Amsel oder das Rudelverhalten bei Wölfen geht.

III.2 Informationen zur Unterrichtspraxis

III.2.1 Einstiegsmöglichkeiten

Einstiegsmöglichkeiten	Medien
A.	
■ L zeigt einen Film, in dem Buntbarschmännchen ihr Revier verteidigen.	■ FWU-Film 360135: Territorialverhalten beim Buntbarsch. ***Anmerkung:*** *Dieser Film ist dem Stichlingsfilm (FWU-Film 360064: Zwei Schlüsselreize beim Stichling) vorzuziehen, weil durch die Gesellschaft der Buntbarsche der soziale Aspekt deutlicher wird, als wenn ein Stichling vor seinem Spiegelbild agiert.*
▶ **Problemfrage:** Warum greifen Buntbarsche Artgenossen an?	■ Tafel
B.	
■ L zeigt einen Film über eine Fohlengeburt und die anschließende Versorgung von Fohlen und Stute ▶ **Problemfrage:** Welche Bedeutung hat das beobachtete Verhalten von Stute und Fohlen?	■ FWU-Film 360128: Fohlengeburt — Versorgung von Fohlen und Stute. ■ Tafel

Einstiegsmöglichkeiten	Medien
Unterrichtliche Anmerkung: *Als Einstieg empfiehlt sich die Präsentation der Problemsituation über einen Film (oder einen Text), da hier die Akzentuierung im Hinblick auf die zu verfolgende Fragestellung in jedem Fall besser gelingt als durch die originale Begegnung. Diese findet an späterer Stelle dieser Unterrichtseinheit ihren Platz. Zudem sei angeraten, die Lerngruppe oder einzelne SuS anzuhalten, in der freien Natur, auf einem Bauernhof, an einem Gewässer oder gar in einem Tierpark eine Gruppe von Tieren (zwei oder mehr) zu beobachten und später im Unterricht über diese Beobachtungen zu berichten.*	

III.2.2 Erarbeitungsmöglichkeiten

Erarbeitungsschritte	Medien
Während es in den Unterrichtseinheiten I und II bevorzugt um die Beschreibung und Analyse (im Sinne kausalanalytischer Betrachtungen) von Verhalten ging, steht in der III. Unterrichtseinheit neben der Beschreibung von Verhalten der funktionale Aspekt im Vordergrund. Es geht primär darum, das Mit- und Gegeneinander von Tieren den verschiedenen Funktionskreisen sozialen Verhaltens zuzuordnen. **A.** *Die aufgeworfene Frage kann von den SuS im Hinblick auf das Zustandekommen des Angriffs auf den Artgenossen sehr wohl beantwortet werden, sie werden eine instinktgebundene Reaktion vermuten und den Rivalen als Schlüsselreiz für die Angriffsreaktion bewerten. Diese Klärung mag als sinnvolle Anwendung des zuvor Gelernten auf einen neuen Sachverhalt eingeplant werden. Nun gilt es, den funktionalen Aspekt des beobachteten Verhaltens aufzudecken.*	
A. 1. Tiere in ihrem Revier	
■ L fordert die SuS auf, das beobachtete Verhalten der Buntbarsche in seiner biologischen Bedeutung zu erklären	
■ Unterrichtsgespräch: Revierbildung und Revierverteidigung	■ Tafel: Buntbarsche besitzen ein Revier, d.h. sie grenzen ihren Lebensraum ab und verteidigen ihn.
■ Unterrichtsgespräch: Biologische Bedeutung des Revierverhaltens	■ Tafel
■ SuS-Übung: Abhängigkeit der Bereitschaft zur Revierverteidigung vom Standort der Auseinandersetzung	■ Material III./M 5 (Materialgebundene Aufgabe): Stichling im Revier
■ L wirft die Frage auf, ob alle Tiere ein Revier kennzeichnen und verteidigen; zur Klärung dieser Frage muß man zunächst einmal untersuchen, wie Tiere zusammenleben.	
A. 2. Tiere leben zusammen	
■ SuS-Übung: das Zusammenleben verschiedener Tiere	■ Material III./M 1 (Materialgebundene Aufgabe): Tiere leben zusammen ***Anmerkung:*** *Das Arbeitsblatt kann auch im Rahmen einer festigenden Wiederholung eingesetzt werden; soll es wie im vorliegenden Fall für die Erarbeitung der verschiedenen Formen tierischen Zusammenlebens eingesetzt werden, muß der Arbeitsauftrag umformuliert werden:* *"Kennzeichne das Zusammenleben der unter A-D beschriebenen Tiere."*
■ Unterrichtsgespräch: Kennzeichnung und Benennung der verschiedenen Formen tierischen Zusammenlebens	■ Tafel
Unterrichtliche Anmerkung: *Das an dieser Stelle erworbene Wissen läßt sich an anderer Stelle wieder aufrufen, so z.B. dann, wenn anhand des Klett-Films 99904: Rangordnung in einer Hühnerschar — das Zusammenleben von Hühnern vorgestellt wird. Dieses läßt sich dann als Leben in einem geschlossenen anonymen Verband beschreiben.*	

Erarbeitungsschritte	Medien
B. 1. Brutpflege bei Tieren	
■ L teilt Arbeitsblatt zur ersten Kontaktaufnahme zwischen Fohlen und Stute aus; fordert zur Bearbeitung der Aufgaben a-c auf	■ Material III./M 10 (Materialgebundene Aufgabe): Mutter-Kind-Beziehungen — Erste Kontaktaufnahme. ***Anmerkung:*** *Mit Hilfe dieses Arbeitsblattes soll der Blick der SuS bevorzugt auf die nichtphysische Komponente der Mutter-Kind-Beziehungen gelenkt werden; die Bedeutung der physischen Aspekte (Futter, Wärme, Schutz, Hygiene) kann schon ansatzweise im Erfahrungsbereich der SuS vermutet werden.*
■ Unterrichtsgespräch: Bedeutung des Verhaltens von Fohlen und Stute gleich nach der Geburt	■ Tafel
■ L richtet folgende Frage an die SuS: Wie ist gewährleistet, daß die Jungen von Geburt an versorgt werden?	■ Tafel
■ L projiziert Film zum Fütterungsverhalten von Amseln	■ Klett-Film 99911: Die Amsel I: Schlüsselreize bei der Fütterung
■ SuS-Übung: Klärung der Frage anhand des Films und des Arbeitsblattes zum Fütterungsverhalten	■ Material III./M 9 (Materialgebundene Aufgabe): Fütterung der Amseljungen
■ Unterrichtsgespräch: Biologische Bedeutung der Brutpflege	■ Tafel
A./B. 2. Tiere leben zusammen	
Unterrichtliche Anmerkung*: Aus der Thematik der Brutpflege gelingt der Übergang zu der Frage, wie Tiere nach der Jugendphase zusammenleben. Die Fortführung der Unterrichtseinheit entspricht dann der, die mit dem Einstieg A beginnt und endet mit dem unterrichtlichen Schwerpunkt "Paarung bei Tieren".*	
A./B. 3. Verständigung bei Tieren	
■ Demonstrationsversuch zur geruchlichen Erkennung bei Hamstern	■ Material III./M 2 (Experiment): Woran erkennt ein Goldhamstermännchen ein Goldhamsterweibchen?
■ Unterrichtsgespräch: Weitere Formen der Verständigung bei Tieren	■ Klett-Film 99899: Angriff und Abwehr beim Hund ***Anmerkung:*** *Es empfiehlt sich, am Beispiel Hund eine differenziertere Form der Verständigung innerhalb einer Art aufzuzeigen. So haben die SuS gegebenenfalls die Möglichkeit, das im Unterricht Erlernte in ihrem Alltag wiedererkennen und vielleicht durch weitere Beobachtungen zu erweitern.*
■ SuS-Übung: Verständigungsformen	■ Material III./M 3 (Materialgebundene Aufgabe): Ein Hund macht sich verständlich
■ Unterrichtsgespräch: Sender-Empfänger-Modell	■ Material III./M 4 (Materialgebundene Aufgabe): Verständigung bei Bienen ■ Arbeitstransparent 2 (Medientasche): Das Sender-Empfänger-Modell
Unterrichtliche Anmerkung: *Mit dem Sender-Empfänger-Modell wird das bisher Erarbeitete auf eine allgemeine Ebene gehoben. Damit wird es möglich, jedwede Kommunikation zwischen Lebewesen als wechselseitige Verschlüsselung und Entschlüsselung bei den Kommunikationspartnern zu verstehen.*	

Erarbeitungsschritte	Medien
A./B. 4. Rangordnung bei Tieren	
■ SuS-Übung: Rangordnungsverhalten bei Goldhamstern	■ Material III./M 6 (Experiment): Rangordnung bei Goldhamstern
■ Unterrichtsgespräch: Biologische Bedeutung einer Rangordnung	■ Tafel
A./B. 5. Paarung bei Tieren	
Unterrichtliche Anmerkung: *Es erscheint im Falle allzu großer Zeitenge durchaus vertretbar, auf eine explizite Behandlung dieses unterrichtlichen Schwerpunktes zu verzichten und stattdessen im Rahmen des Unterrichtsschrittes "Verständigung bei Tieren" das Material III./M 7 (Paarungsverhalten beim Goldhamster) als weiteres Beispiel zwischentierischer Verständigung auszuweisen und in den Funktionszusammenhang des Paarungsverhaltens zu stellen.*	
■ Projektion eines Films über das Paarungsverhalten der Stockente	■ FWU-Film 360466: Die Stockente — Fortpflanzungsverhalten im Frühjahr
■ Unterrichtsgespräch und SuS-Übung: Paarungsverhalten als eine Folge angeborener Verhaltensweisen	■ Material III./M 8 (Materialgebundene Aufgabe/ Experiment): Die Balz der Stockente (Daumenkino)
■ SuS-Übung: Paarungsverhalten beim Goldhamster	■ Material III./M 7 (Materialgebundene Aufgabe): Paarungsverhalten beim Goldhamster ***Anmerkung:*** *An dieser Stelle erscheint ein Rückgriff auf die Reiz- und Reaktionskette bei Erdkröten (UE I. "Angeborenes Verhalten") sinnvoll; damit würde insbesondere deutlich, daß es hier um angeborene Verhaltensweisen geht. Der arterhaltende Wert angeborener Verhaltensweisen kann gerade an dieser Stelle deutlich werden.*
■ Unterrichtsgespräch: Isolierende Wirkung angeborener Verhaltenselemente bei der Paarung ***Anmerkung:*** *Eine solche Fortführung zielt allerdings sehr deutlich auf Sek.II-orientierte stammesgeschichtliche Inhalte ab.*	■ Tafel

III. / M 1	Tiere leben zusammen	Materialgebundene AUFGABE

Arbeitsmaterial:

(A) An einer Wasserstelle treffen einige Zebras ein. Der Elefantenbulle, der gerade mit seinem Rüssel Wasser ansaugt, wendet sich kurz um. 6 Thomson-Gazellen bleiben abwartend in einiger Entfernung von der Wasserstelle stehen...

(B) Zu einer Gruppe von 9 Ratten wird ein Rattenmännchen aus einer anderen Gruppe gesetzt. Es wird beschnuppert und heftig angegriffen. Nur durch Flucht über eine vom Experimentator rechtzeitig aufgestellte Leiter kann es blutigen Angriffen entgehen. Die Gruppe hat sich inzwischen beruhigt. Ein Futterbrocken wird in das Gehege geworfen. Eine Ratte erfaßt den Brocken. Die Futtergabe wird wiederholt. Nun schnappt sich ein anderes Tier den Futterbrocken. Es gibt keine Beißereien...

(C) Ein Hühnerküken ist von seiner Schar abgesprengt worden. Es hört auf zu fressen, läuft suchend und unter Ausstoßen des sogenannten Angstrufes umher. Sobald es seine Schar sieht, stürzt es in raschem Lauf auf sie zu. Erst dort beruhigt es sich. Ein Küken aus einer anderen Schar wird hinzugesetzt. Es schaut umher und beginnt dann mit dem Futterpicken. Die anderen Küken beachten es kaum...

(D) Plötzlich drehte sich der Schimpanse Mike um. Er schrie nach wie vor, begann dann heftig an den Zweigen zu rütteln. Er sprang den anderen Schimpansen entgegen. Die kletterten in wilder Hast auf einen Baum. Mike blieb mit gesträubtem Fell und funkelnden Augen stehen. David kam langsam auf Mike zu. Er legte seine Hand auf Mikes Leistengegend und begann, ihn zu lausen. Auch die anderen kamen vom Baum herunter und näherten sich vorsichtig... In den folgenden Tagen blieb es ruhig. Mike durfte als erster eine auf den Platz geworfene Bananenstaude aufnehmen und sich eine entschälte Banane in das Maul stecken...

Aufgaben:

a) Nenne die dir bekannten Formen, in denen Tiere zusammenleben!

b) Ordne die vorstehend beschriebenen Tiere einer der Formen zu, begründe deine Zuordnung!

III. / M 2	Woran erkennt ein Goldhamstermännchen ein Goldhamsterweibchen?	EXPERIMENT

Arbeitsmaterial:

Versuchsprotokoll

Thema: Woran erkennen sich Goldhamster?

Material und Geräte: Je zwei männliche und weibliche geschlechtsreife Goldhamster; Beobachtungsarena (geeignet ist auch ein Tisch in den Maßen von ca. 70 cm x 70 cm); nach oben offener Glasbehälter (Durchmesser ca. 15 cm, Höhe ca. 30 cm); gleich großer Drahtkäfig (läßt sich aus feinmaschigem Gartenmaschendraht formen); Stoppuhr; 3 %ige Essigsäurelösung.

Durchführung: Glasbehälter und Drahtkäfig werden gemäß nachfolgender Skizze in die Beobachtungsarena gestellt (um die beiden Behälter wird je ein Markierungskreis gezogen):

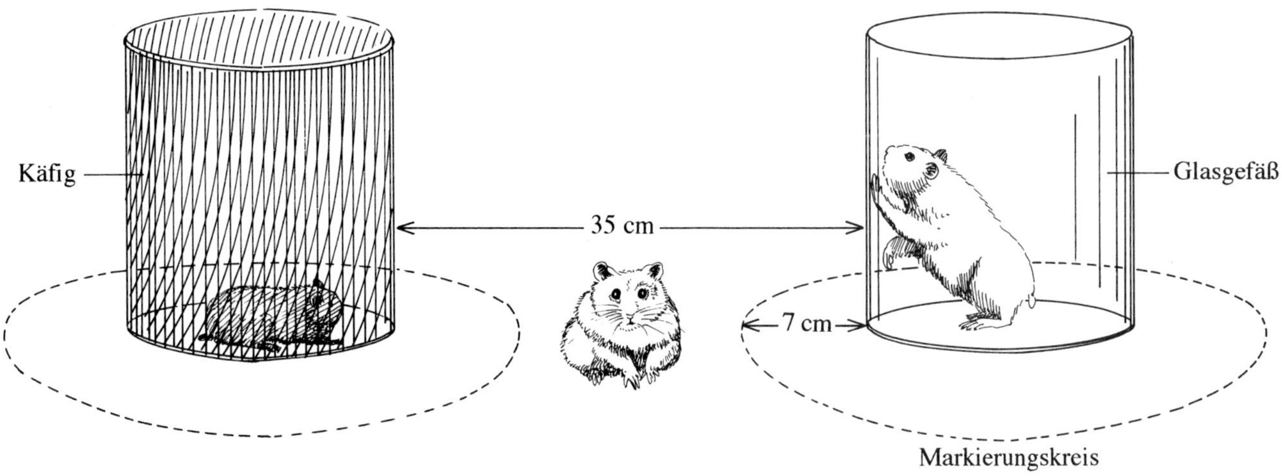

Quelle: *Gattermann, R.*: Verhaltensbiologisches Praktikum, Aulis Verlag Deubner & Co KG, Köln 1990, S. 105

Man gibt in beide Behälter je ein Goldhamsterweibchen und setzt zwischen die beiden Behälter ein Goldhamstermännchen. Dann wird über einen Zeitraum von 10 Minuten seine Aufenthaltszeit an dem Glasbehälter bzw. Drahtbehälter beobachtet. Danach werden Arena und Glasbehälter mit Essigsäurelösung gereinigt.

Der Versuch wird wiederholt, indem je ein Goldhamstermännchen in die Behälter gebracht und ein Goldhamsterweibchen zwischen die beiden Behälter gesetzt wird.

Aufgaben:

a) Führe die Untersuchungen durch und protokolliere deine Beobachtungen!

b) Beantworte nun die eingangs gestellte Frage! Nimm Stellung zu dem Versuchsergebnis, nachdem du erfahren hast, daß Goldhamster nachtaktiv sind!

c) Welches Ergebnis erwartest du für den Fall, daß in ein Drahtgefäß ein Weibchen, in ein zweites Drahtgefäß ein Männchen und dazwischen ebenfalls ein Goldhamstermännchen gesetzt wird?

III. / M 3	**Ein Hund macht sich verständlich**	**Materialgebundene AUFGABE**

Arbeitsmaterial:

Quelle: *Ziemen, E.*: Der Wolf, Meyster Verlag GmbH, Wien, München 1978

Diese Information ist an den Artgenossen gerichtet	So verschlüsselt ein Hund diese Information
"Ich habe Angst"	Einziehen des Schwanzes, Einknicken der Beine, Anlegen der Ohren, sich an den Boden drücken.
"Ich begrüße meinen Artgenossen"	Langsam auf den anderen Hund zugehen mit gemessenen Bewegungen, steil aufgerichteter Schwanz, schnuppernd dem anderen Hund die Nase entgegenstrecken.
"Ich freue mich über die Begegnung"	Heftig mit dem Schwanz wedeln (nach der Begrüßung).
"Ich will meinem Artgenossen imponieren"	Steifbeiniger Gang, hocherhobener Kopf, steil aufgestellter Schwanz, Sträuben der Nacken- und Rückenhaare.
"Ich drohe meinem Artgenossen"	Entblößen der Zähne, dabei werden Nasenrücken und Stirn in Falten gelegt, die Ohren stehen steil aufrecht. Fixieren des Artgenossen.

Aufgaben:

a) Beschreibe die Körperhaltung und den Gesichtsausdruck der beiden Hunde A und B und entschlüssele, was sie ausdrücken wollen!

b) Warum ist es sinnvoll, daß eine Information wie "Ich habe Angst" durch mehrere Merkmale verschlüsselt wird?

III. / M 4	Verständigung bei Bienen	Materialgebundene AUFGABE

Arbeitsmaterial:

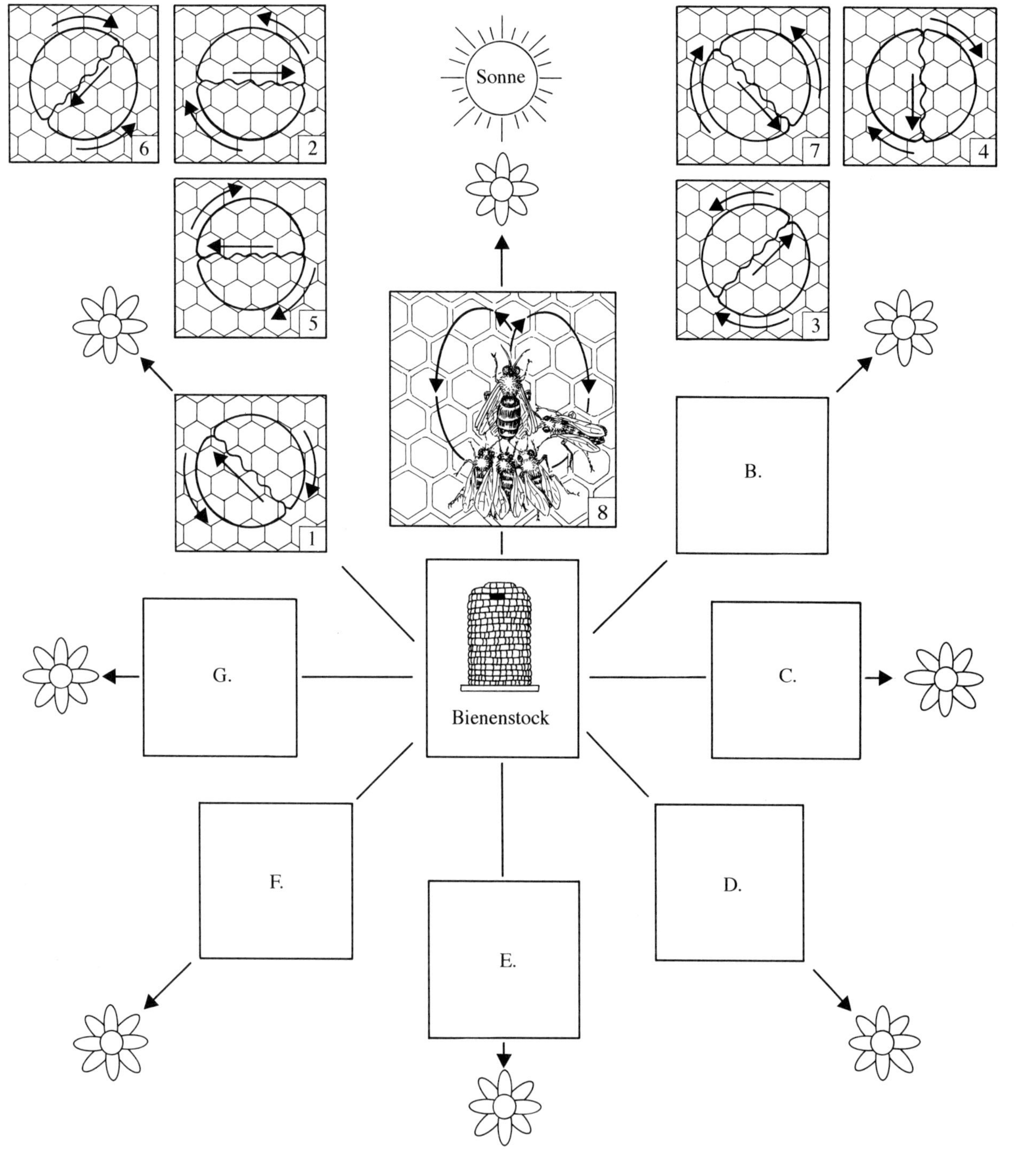

Verändert nach: *Flindt, R.*: Verhaltenskunde, G. Fischer Verlag 1989, S. 85

Aufgaben:

a) Wodurch unterscheidet sich ein Schwänzeltanz von einem Rundtanz? Was wird durch diese beiden Tanzformen verschlüsselt?

b) Schneide die Schwänzeltanzfiguren 2-7 aus und setze sie so in die freien Felder A-G ein, daß die Lage der Futterquellen (Pflanzen) A-G richtig verschlüsselt wird.

c) Welche Information über die Pflanzen A-G kann man den Schwänzeltanzfiguren nicht entnehmen?

III. / M 5	**Stichling im Revier**	**Materialgebundene AUFGABE**

Arbeitsmaterial:

Trifft ein Stichlingsmännchen an der Grenze seines Reviers auf ein anderes Stichlingsmännchen, so kann man folgendes Verhalten beobachten (Abb. A):

A

Zur genaueren Untersuchung des Revierverhaltens von Stichlingen führt man folgende Experimente durch (Abb. B, a und b):

B

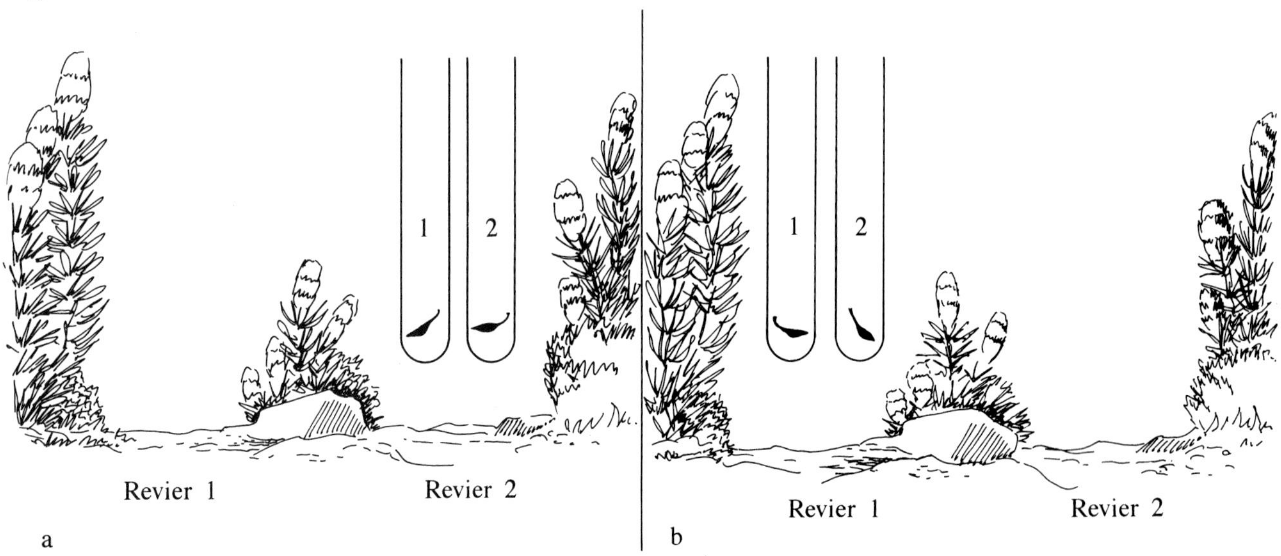

Quelle: *Tinbergen, N.*: Instinktlehre, Parey Verlag 1951, © Oxford University Press

Aufgaben:

a) Beschreibe das in Abb. A erkennbare Verhalten zweier Stichlingsmännchen an der Reviergrenze!

b) Beschreibe und erkläre die in Abb. B dargestellten experimentellen Befunde!

c) Worin liegt die biologische Bedeutung des Revierverhaltens?

III. / M 6	Rangordnung bei Goldhamstern	EXPERIMENT

Arbeitsmaterial:

Versuchsprotokoll

Thema: Ermittlung der Rangordnung bei Goldhamstern

Material und Geräte: Zwei Paare von Goldhamstermännchen, die je mindestens eine Woche zusammen waren; Rangtestgang (siehe Abbildung); als Material eignet sich Styropor mit einer Wandstärke von 2-4 cm); 3 %ige Essigsäurelösung.

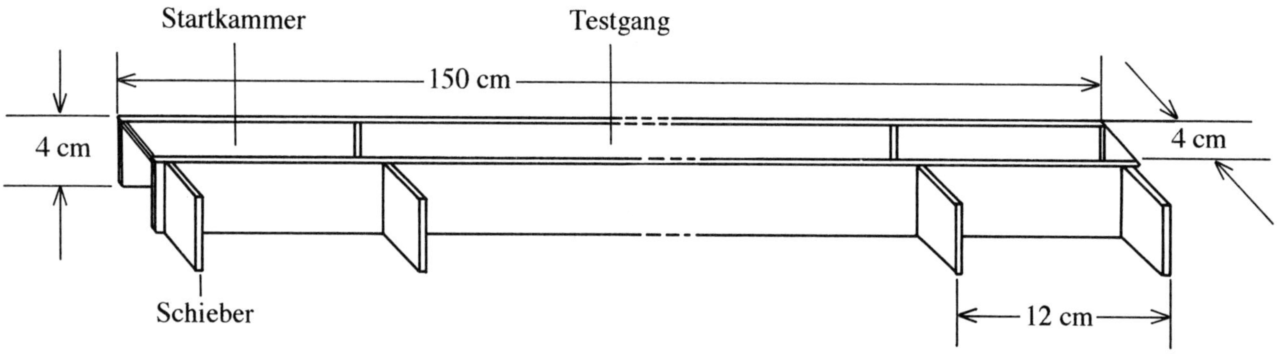

Quelle: *Gattermann, R.*: Verhaltensbiologisches Praktikum, Aulis Verlag Deubner & Co KG Köln1990

Durchführung: Ein Hamster eines Paares von Hamstermännchen wird durch einen Farbtupfer gekennzeichnet. Dann setzt man jedes der beiden Männchen in eine Startkammer. Dort verweilen sie 2 Minuten. Dann werden gleichzeitig die Schieber gezogen. Der Test ist abgeschlossen, wenn ein Hamstermännchen aus dem Gang gedrängt worden ist. Bevor das zweite Hamsterpaar in den Rangtestgang gesetzt wird, muß der Testgang mit der Essigsäurelösung ausgewischt werden und trocknen.

Der Test wird an fünf aufeinander folgenden Tagen wiederholt.

Aufgaben:

a) Führe die Untersuchungen durch und protokolliere deine Beobachtungen!

b) Inwiefern geben die Versuchsergebnisse Aufschluß über die Rangordnung zwischen den beiden Hamstermännchen eines Paares?

c) Warum wird der Testgang nach jedem Test mit Essigsäurelösung ausgewischt?

III. / M 7	Paarungsverhalten beim Goldhamster	Materialgebundene AUFGABE

Arbeitsmaterial:

A. Während Goldhamstermännchen ständig paarungsbereit sind, ist dies bei Goldhamsterweibchen nur während einer bestimmten (von Hormonen beeinflußten) Zeit der Fall. Treffen ein Männchen und ein Weibchen während dieser Zeit aufeinander, kann man folgendes beobachten: Zunächst kommt es zur *Kontaktaufnahme* (A), z.B. indem sie sich frontal gegenüberstehen und beschnuppern. Man beobachtet ein ständiges *Umkreisen* (B), dabei werden besonders die Flankendrüsenregionen berochen. Besonders intensiv ist die gegenseitige Geruchskontrolle im Bereich des Afters und der Geschlechtsöffnungen. Stark paarungsbereite Weibchen brechen das Kreisen ab und nehmen die *Lordosestellung* (C) ein: gekrümmter Rücken, erhobenes Hinterteil mit abgestelltem Schwanz. Innerhalb einer Minute reitet dann das Männchen auf, es kommt zur ersten *Kopulation* (D). Nach jeder Kopulation *putzt sich das Männchen* (E), besonders intensiv wird die Genitalregion geputzt. Währenddessen verharrt das Weibchen in der Lordosestellung oder putzt sich ebenfalls.

B. Trifft dagegen ein Goldhamstermännchen auf einen anderen Goldhamster gleichen Geschlechts oder auf ein nicht paarungsbereites Weibchen, so kann man folgendes beobachten: Es kommt zu einer Antiparallelstellung, die Tiere beriechen sich gegenseitig die Flankenregion, den After- und den Genitalbereich. Dabei ist gegenseitiges *Umkreisen* (B) zu beobachten. Dann kommt es zum *aggressiven Drohen* (F): leichte Seitenlage, angelegte Ohren, erhobene Vorderpfote, geräuschvolles Zähnewetzen. Schnell schließt sich ein zu Verletzungen führender *Beißkampf* (G) an: Beide Goldhamster verbeißen sich und stoßen einander kräftig mit den Hinterbeinen. Danach lösen sie sich für kurze Zeit, bevor der Beißkampf erneut beginnt. Es kommt aber auch vor, daß ein Tier die *Rückenlage* (H) einnimmt, dabei faucht und knurrt, aber nicht mehr beißt. Es wird dann vom anderen Tier weniger heftig angegriffen. In der freien Natur kann es entkommen.

Aufgaben:

a) Schneide die Skizzen (Bilder) zum Verhalten von Goldhamstern (1-9) aus und benenne sie!

b) Stelle dann in Form von zwei Bildfolgen das Paarungsverhalten (I) und das Aggressionsverhalten (II) von Goldhamstern dar! Einzelne Bilder können beiden Bildfolgen angehören!

c) Wie kann man überprüfen, ob das beobachtete Verhalten angeboren ist?

III. / M 7	Paarungsverhalten beim Goldhamster	Materialgebundene AUFGABE

Arbeitsmaterial (Fortsetzung):

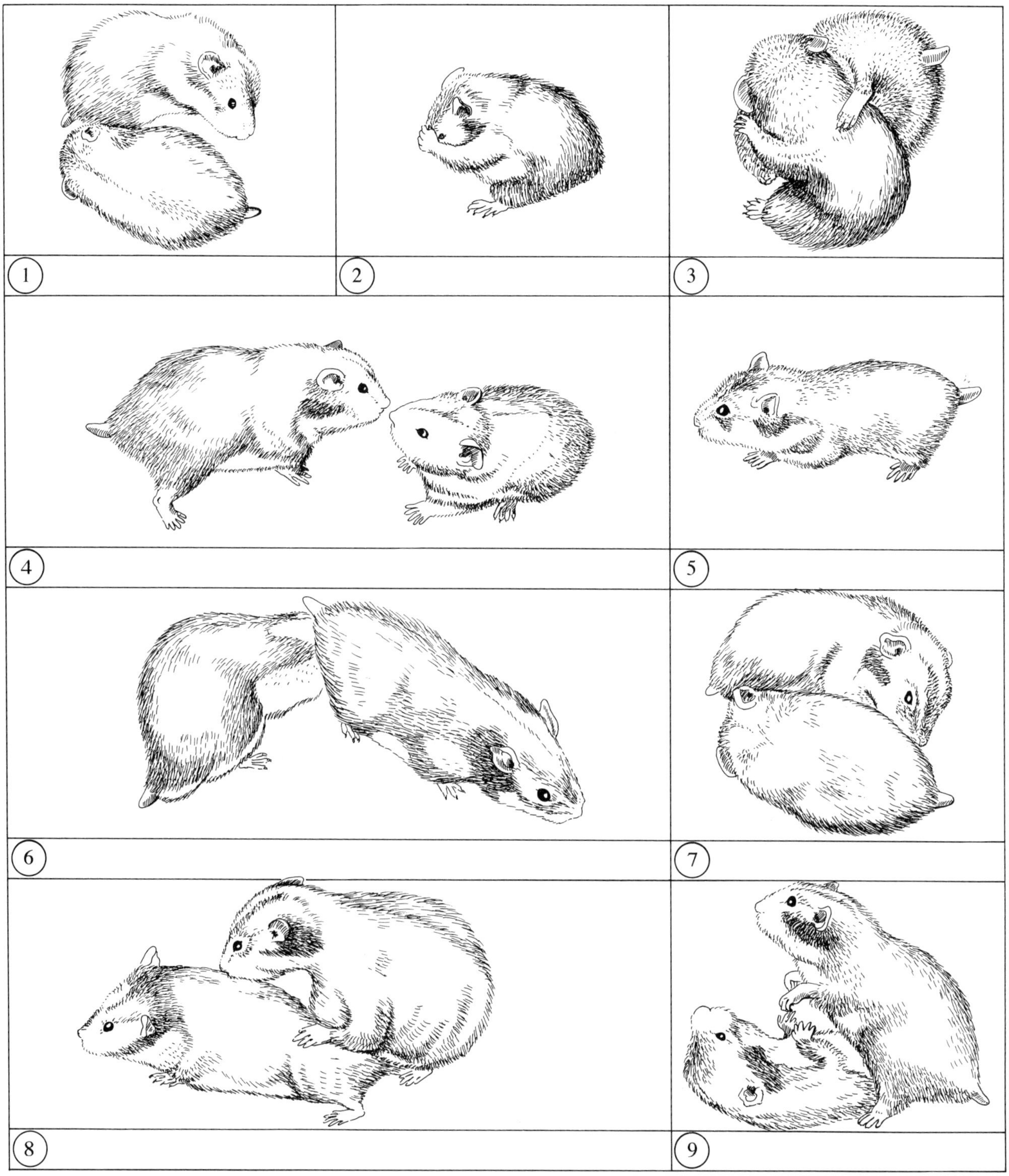

Quelle: *Gattermann, R.*: Verhaltensbiologisches Praktikum, Aulis Verlag Deubner & Co KG Köln 1990, S. 105

III. / M 8	Daumenkino: Die Balz der Stockente	Materialgebundene AUFGABE/EXPERIMENT

Arbeitsmaterial:

Versuchsprotokoll

Thema: Balz der Stockente

Material und Geräte: Schere; Klammerhefter (Tacker).

Durchführung: Klebe den Arbeitsbogen auf Zeichenkarton. Schneide die einzelnen Bilder (1-28) aus, lege sie in der Reihenfolge der Numerierung aufeinander (Bild 1 liegt oben, Bild 28 unten) und hefte sie mit Hilfe des Tackers so zusammen, daß die Heftklammer 5 mm vom linken Rand entfernt im schraffierten Feld sitzt.

Aufgaben:

a) Laß dann das Daumenkino laufen, indem du mit Hilfe von Daumen und Zeigefinger der linken Hand das Heft am Heftrand festhältst, dann mit Hilfe des rechten Daumens (Daumenkino!) die Bildseiten seitlich wegdrückst und die einzelnen Seiten in möglichst gleichmäßigen Zeitabständen zurückspringen läßt! Notiere deine Beobachtungen!

b) Verändere jede einzelne Zeichnung, indem du auf der Rückenpartie der Ente eine farbige Linie hinzufügst! Laß dann das Daumenkino erneut ablaufen! Notiere deine Beobachtungen!

Anmerkung:

Bilder 1-7 = Nickschwimmen, Hinterkopfwenden

Bilder 8-14 = Schulterstrecken, Schwanzschütteln

Bilder 15-21 = Grunzpfiff

Bilder 22-28 = Kurzhochwenden, Hinsehen zum Weibchen

III. / M 8	Daumenkino: Die Balz der Stockente	Materialgebundene AUFGABE/EXPERIMENT

Arbeitsbogen 1:

Verändert und ergänzt nach: *Boenigk, G.*: Das Verhalten der Tiere, Nieders. Landesmuseum Hannover, Naturkunde Abteilung, Saal Mensch und Umwelt 1976

III. / M 8	Daumenkino: Die Balz der Stockente	Materialgebundene AUFGABE/EXPERIMENT

Arbeitsbogen 2:

Quelle: *Lorenz, K.*: Das sogenannte Böse, Piper Verlag 1965

III. / M 9	Fütterung der Amseljungen	Materialgebundene AUFGABE

Arbeitsmaterial:

Eine Amsel kehrt von der Futtersuche zum Nest zurück. Sie setzt sich auf den Nestrand. Die Nestlinge richten sich schlagartig auf, strecken den Hals senkrecht in die Höhe und lassen den erhobenen Kopf mit geöffnetem Schnabel hin und her pendeln. Man bezeichnet dieses Verhalten der Amseljungen als Sperren, man spricht auch von Futterbetteln. Daraufhin gibt die Amsel ihr Futter in den geöffneten Schnabel der Jungen. Was löst das Sperren der Amseljungen aus?

A. Klopft man mit einem Stab auf den Nestrand, sperren die Jungen. Sie richten die Schnäbel senkrecht nach oben; eine vorsichtig an das Nest herangeführte Nachbildung einer Amsel (Attrappe) kann das Sperren nicht auslösen.

A

B. Bei 9 Tage alten Amseljungen kann man das Sperren auslösen, indem man eine Amselattrappe (schwarz gehaltener Umriß einer Amsel) an das Nest heranführt. Durch Klopfen auf den Nestrand kann man bei so alten Amseljungen lediglich erreichen, daß sie aufwachen.

B

Zusatzinformation:

Die Schnäbel vom Amseljungen und ihre Rachen sind arttypisch gefärbt bzw. gemustert. Bis zum 4. Tag sind ihre Augenlider geschlossen, dann kann man einen Schlitz zwischen den Augenlidern erkennen, der sich bis zum 8. Tag ganz öffnet.

Aufgaben:

a) Wodurch wird das Sperren frisch geschlüpfter Amseljungen, wodurch das bei über 8 Tage alten Jungen ausgelöst? Wie erklären sich diese unterschiedlichen Auslösebedingungen? Handelt es sich um angeborene Verhaltensweisen?

b) Wodurch werden die Altvögel veranlaßt, Futter abzugeben?

c) Warum wäre es sinnvoll, daß das Fütterungsverhalten angeboren ist?

III. / M 10	**Mutter-Kind-Beziehungen — Erste Kontaktaufnahme**	**Materialgebundene AUFGABE**

Arbeitsmaterial:

...die Pferdemutter wendet sich dem soeben geborenen Fohlen zu, schnuppert und hulbert leise. Sodann leckt sie das im Stroh liegende feuchte Fohlen. Das Fohlen hat den Kopf gehoben und reckt sich zur Mutter. Beide berühren sich leicht mit den Nüstern.

Nach einer halben Stunde versucht das Fohlen, sich zu erheben. Einige vergebliche Versuche und ein Purzelbaum entmutigen das Junge nicht. Nun, nach knapp einer Stunde, steht es endlich. Es schwankt hin und her und versucht, sich auszubalancieren. Ein Pferdepfleger bietet mit seinen Händen vorsichtigen Halt.

Das Fohlen steht auf wackligen Beinen und streckt sich zur Mutter hin. Das stark behaarte Maul tastet die Seite der Mutter ab. Es sucht am hinteren Schenkel, am Bauch, doch die Stute ist kitzelig. Sie juchzt, ihr Hinterbein zuckt, als wolle sie ausschlagen, läßt es aber dann doch und dreht sich so, daß sie das Fohlen wieder an der Seite hat. Sie zieht den Bauch ein und hilft so dem Fohlen, Zugang zum Euter zu finden. Doch das zarte Fohlenmaul reizt die empfindliche Mutter erneut, so daß diese wieder wegzuckt. Diese Szene wiederholt sich einige Male. Dabei versucht die Stute immer wieder, das Fohlen zu ermuntern, indem sie es ableckt und zur Bauchseite stubst. Erst eine Stunde später saugt das Fohlen das erste Mal. Dabei gibt die Stute einige Quietschlaute von sich, vermutlich geht das erste Saugen nicht ohne Ziehen, Kneifen und Schmerzen für die Stute ab.

Nach dem ersten Trunk ist das Fohlen müde, es versucht, sich hinzulegen. Dieser Versuch endet eher mit einem Sturz. Die Sehnen und Bänder des Fohlens können noch keine Belastung ertragen. In der folgenden Ruhephase bleiben Fohlen und Stute miteinander in Kontakt. Die Stute berührt das Fohlen leicht mit ihren Nüstern, leckt hier und da, vor allem auch den Bereich des Afters. Das Fohlen meckert leicht, die Stute antwortet mit leisem Hulbern. Während der ersten Tage kann das Fohlen nur zwischen Hell und Dunkel unterscheiden, Formen kann es wohl nicht erkennen.

Aufgaben:

a) Nenne die Sinnesorgane, die bei den ersten Kontakten zwischen Fohlen und Stute beteiligt sind!

b) Stelle Vermutungen darüber an, welche Verhaltensweisen dem Fohlen angeboren, welche es erlernen muß!

c) Wie ist das Verhalten der Stute bei den ersten Saugversuchen des Fohlens zu erklären?

III.2.3 Lösungshinweise zu den Aufgaben der Materialien

III. / M 1

a) Aggregation, offener anonymer Verband, geschlossener anonymer Verband, individualisierter Verband.

b) (A) Aggregation; zufälliges Zusammentreffen von Tieren an einer Wasserstelle.
   (B) Geschlossener anonymer Verband; Gruppenfremde werden ausgegrenzt, eine Rangordnung existiert offensichtlich nicht, da bei der Futteraufnahme kein Tier vorgelassen wird.
   (C) Offener anonymer Verband; es können jederzeit Artgenossen hinzukommen, es besteht eine soziale Anziehungskraft der Gruppe auf das Einzeltier.
   (D) Individualisierter Verband; Rangordnung liegt vor.

III. / M 2

a) Die zwischen Glasbehälter und Drahtkäfig gesetzten Tiere wenden sich bevorzugt dem Käfig zu bzw. halten sich bevorzugt in der Nähe des Käfigs auf.

b) Offensichtlich spielt die geruchliche Erkennung eine wesentlich größere Rolle als die über den Gesichtssinn. Diese Präferenz der geruchlichen Orientierung kann als Anpassung an das nachtaktive Leben von Goldhamstern verstanden werden.

c) Es ist zu erwarten, daß der andersgeschlechtliche Artgenosse bevorzugt aufgesucht wird. Diese Annahme setzt voraus, daß die beiden Geschlechter eine unterschiedliche geruchliche Spezifität aufweisen.

III. / M 3

a) A: Eingeknickte Beine, angelegter Schwanz, zurückgelegte Ohren, an den Boden gedrückter Körper; entschlüsselt: "Ich habe Angst".
   B: steifbeinig, steil aufgestellter Schwanz, Nacken und Fellhaare gesträubt, Ohren stehen steil, Nasenrücken und Stirn in Falten gelegt; entschlüsselt: "Ich drohe meinem Artgenossen".

b) Dadurch ist sichergestellt, daß das zufällige Auftreten eines Merkmals nicht fehlinterpretiert wird.

III. / M 4

a) Schwänzeltanz: Entfernung und Richtung der Futterquelle; Rundtanz: Mitteilung einer Futterquelle in weniger als 100 m Entfernung.

b) B-3, C-2, D-7, E-4, F-6, G-5.

c) Entfernung der Futterquelle, Ergiebigkeit der Futterquelle, Art des Futters.

III. / M 5

a) Aufreißen des Maules, Aufstellen der "Stacheln", Abspreizen der Brustflossen; es handelt sich hier um Drohverhalten.

b) Der jeweilige Revierinhaber vertreibt den Eindringling. Erfolgreich ist also nicht unbedingt der stärkere Stichling, sondern der in seinem Revier befindliche. Entscheidend dafür, ob der Revierinhaber angreift oder gar flieht, ist seine Entfernung zum Nest. In Nestnähe greift er mit großer Wahrscheinlichkeit an, in größerer Entfernung zu seinem Nest neigt er zur Flucht.

c) Durch die Verteidigung eines Reviers werden Brutplätze, Nahrungsmöglichkeiten und Aktivitätsräume verteidigt und somit die Aufzucht der Nachkommen gesichert. Die Vertreibung der Eindringlinge gewährleistet, daß die Vertreter einer Art relativ gleichmäßig über den zur Verfügung stehenden Lebensraum verteilt werden.

III. / M 6

a) Eines der beiden Tiere wird jeweils aus dem Testgang gedrängt. Die Ergebnisse an den nachfolgenden Tagen bleiben weitgehend gleich.

b) Es ist zu erwarten, daß das jeweils rangniedere Tier von dem ranghöheren aus dem Gang gedrängt wird.

c) Es können die Duftmarken vorangegangener Rangordnungstiere das Verhalten der gerade untersuchten Tiere beeinflussen.

III. / M 7

a) und b) Männchen trifft auf Weibchen: Kontaktaufnahme: 4, Umkreisen: 7, Lordosestellung: 5, Kopulation: 8, Putzen des Männchens: 2.

Zwei Männchen treffen aufeinander: gegenseitiges Umkreisen: 7, aggressives Drohen: 1, Beißkampf: 3, Rükkenlage: 9.

c) Durch *Kaspar-Hauser*-Versuche lassen sich die Verhaltensweisen auch nach Isolierung von Artgenossen während der Geschlechtsreife beobachten, so kann man ihre genetische Bedingtheit annehmen.

III. / M 8

a) Es läßt sich ein vollständiger Bewegungsablauf beobachten.

b) Die farbige Linie macht die Bewegungen des Entenrückens mit; es entsteht der Eindruck, als ob eine farbige Flagge bewegt wird.

III. / M 9

a) Frisch geschlüpfte Amseljungen: Erschütterung des Nestes; ältere Amseljungen: Anblick der Altvögel bzw. entsprechender Attrappen. Es handelt sich um Reifungsvorgänge (Lernvorgänge sind nicht auszuschließen, wenn keine *Kaspar-Hauser*-Versuche durchgeführt wurden). Da die frisch geschlüpften Jungvögel blind sind, kann ein optischer Reiz das Sperren nicht auslösen. Erst nach Erwerb der Sehfähigkeit wird der Schlüsselreiz "Altvogel" wirksam, der Schlüsselreiz "Erschütterung" verliert an Wirksamkeit. Es ist zu vermuten, daß es sich um angeborene Verhaltensweisen handelt. Insbesondere wäre zu prüfen, ob die Jungvögel gleich nach dem Schlüpfen auf einen Erschütterungsreiz mit dem Sperren beginnen. Vergleichbare Beobachtungen sind für das erstmalige Sperren auf den optischen Reiz hin anzustellen.

b) Vermutlich löst die Rachenzeichnung der sperrenden Jungvögel die Futtergabe durch den Altvogel aus.

c) Dadurch ist gesichert, daß die frisch geschlüpften Jungen sofort mit Nahrung versorgt und ernährt werden.

III. / M 10

a) Geruchssinn, Geschmackssinn, Tastsinn, Gehör.

b) Angeboren: Aufstehen, Suchen nach dem Euter, Zitze ins Maul nehmen, Meckern. Erlernt: sicheres Aufstehen und Stehen, schnelles Finden des Euters, behutsames Saugen an der Zitze, sicheres Hinlegen.

c) Die Stute folgt einem angeborenen Verhaltensschema, wenn sie dem Fohlen hilft, das Euter zu finden. Die dabei auftretenden Empfindungen sind für die Stute jedoch neu, hier muß die Stute noch lernen.

III.3 Medieninformation

III.3.1 Audiovisuelle Medien

WBF-Film: Zielgerichtetes Handeln bei Menschenaffen: Intelligenzleistungen von Schimpansen — Lernen durch Einsicht, 16 mm, 14 min, f

Anmerkung: *In der Szene "Was geschieht, wenn mehrere Schimpansen gleichzeitig das gleiche Problem lösen sollen?" wird gezeigt, daß das ranghöhere Tier seinen Platz in der Hierarchie beansprucht, indem es sich als erstes um die Lösung des Problems bemüht, rangniedere Tiere warten, sie setzen ihre Erfahrungen nicht ein.*

Klett-Film 998779: *Soziales Verhalten bei Freiland-Schimpansen*, 5,5 min, f

Filmablauf:

- Mutter-Kind-Beziehung
- Begrüßungsverhalten
- "Präsentieren" eines Weibchens gegenüber einem Männchen
- soziale Fellpflege in mehreren Gruppen
- Kontaktaufnahme und Spiel zwischen jungen Geschwistern
- Spiel unter Heranwachsenden
- Imponierverhalten eines Männchens
- Werkzeugherstellung und Gebrauch beim Ameisenangeln von Mutter und Kind

Anmerkung: *Dieser Film ist sehr vielaspektig, er eignet sich daher zur Hinführung in den Bereich sozialen Verhaltens schlechthin oder aber durch gezielte Auswahl einzelner Szenen zur Erarbeitung einzelner Komponenten sozialen Verhaltens.*

FWU-Film 360128: Fohlengeburt — Versorgung von Fohlen und Stute, 5 min, sw

Der Film zeigt folgende Vorgänge: Abnabeln des Fohlens von der Stute durch den Wärter; Behandlung des Nabels mit Iodtinktur und Holzteer; Abreiben des Fohlens mit Stroh und Hinziehen des Fohlens vor den Kopf der liegenden Stute durch den Wärter; Ablecken des Fohlens durch die Stute; Behandlung der Nachgeburt und Reinigung der Stute; Verhalten von Fohlen und Stute beim Üben des Saugvorganges.

Anmerkung: *Besonders der letzte Teil des Films gibt Einblick in die erste Kontaktaufnahme der Stute zum Fohlen. Die dabei zu beobachtenden pflegerischen Tätigkeiten der Stute dienen nicht nur der Gesunderhaltung des Fohlens, sondern insbesondere auch dem Kennenlernen (Aufnahme des Körpergeruchs), dem Aufbau des Vertrauens, der sozialen Bindung. Die pflegerischen Tätigkeiten der Stute sind für das Fohlen mit angenehmen Empfindungen verbunden.*

FWU-Film 300608: Pferd und Fohlen, 10 min, f

Annotation: *Der Farbfilm zeigt das Verhalten einer Stute mit ihrem Hengstfohlen auf der Weide. Nahrungsaufnahme, Säugen des Fohlens, Fortbewegung im Schritt, Trab und Galopp und Ausruhen können beobachtet werden. Die Schlußszene deutet auf Nutzung des Pferdes als Haustier: der Bauer reitet die Stute, das Fohlen folgt.*

Anmerkung: *Zu beobachten sind zusätzlich: Bereits vorhandene Bande zwischen Stute und Fohlen, Kommunikation zwischen beiden, Aufbau einer Vertrauensbasis, Lernen durch Imitation, Vergleich der Fortbewegungsarten zwischen Alt- und Jungtier, Erweiterung des Sozialgefüges durch den Menschen.*

Klett-Film 99911: Die Amsel I: Schlüsselreize bei der Fütterung, 3 min, f

Filmablauf:

- Sperrende Amseljungen
- Fütterung der 2-3 Tage alten Amseljungen durch den Altvogel
- Auslösen des Sperrens durch Erschütterungsreize
- Fütterung von 8 Tage alten Amseljungen
- Auslösen des Sperrens durch Gestalt-Attrappe, Richten durch Schwerereize
- Auslösen und Richten des Sperrens durch Gestalt-Attrappe gegen Ende der Nestlingszeit

Anmerkung: *Mit Hilfe dieses Films läßt sich die angeborene Komponente des Brutpflegeverhaltens gut demonstrieren. Zeigt man den gesamten Film, so muß unbedingt der Fehlbewertung entgegengewirkt werden, daß die Änderung der Auslösebedingungen als Ergebnis eines Lernprozesses zu bewerten sei.*

FWU-Film 360463: Die Stockente — Lebensraum, Artkennzeichnung, Fortbewegung, 4 min, f

Annotation: *Das arttypische Federkleid sowie die Pflege des Gefieders werden gezeigt. Die Bewegungsweise an Land wird mit der im Wasser verglichen. Dabei werden Tiere aus verschiedenen Blickwinkeln sowie unter Wasser beobachtet.*

Anmerkung: *Dieser Film scheint gut geeignet, die Lerngruppe mit der Stockente bekannt zu machen. Zudem wird gezeigt, daß Gefiederpflege und -präsentation überwiegend in Gemeinschaft erfolgen, also soziale Funktion haben.*

FWU-Film 360466: Die Stockente — Fortpflanzungsverhalten im Frühjahr, 3 min, f

Annotation: *Das "Pumpen" und die folgende Kopulation eines Stockentenpaares wird gezeigt. Ferner das Verhalten der Partner gegenüber fremden Erpeln. Aufnahmen vom Neststandort mit dem belegten Nest sowie vom Verhalten der Erpel in der Brutzeit schließen sich an.*

Anmerkung: *Besonders gut läßt sich das Vor- und Nachspiel beim Begattungsakt beobachten.*

FWU-Film 360465: Die Stockente — Paarfindung, 5 min, f

Annotation: *Das zur Paarbildung führende Werbungsverhalten von Erpeln sowie Hetzbewegungen weiblicher Tiere werden gezeigt. Szenen zu verschiedenen Bedeutungen des Räb-Räb-Rufens schließen sich an. Das Verhalten des Paares gegen fremde Tiere ist wiederholt zu beobachten.*

FWU-Film 360135: Territorialverhalten beim Buntbarsch, 5 min, f

Annotation: *Der Film zeigt eine Gesellschaft von Buntbarschen bei der Bereitung ihrer Territorien. Die Reviere werden gegen Eindringlinge verteidigt und die Nachbarn durch Drohen an den Reviergrenzen gehalten.*

Anmerkung: *Dieser Film vermittelt in Sek. I — gemäßer Form den Sachverhalt territorialen Verhaltens. Man mag diesen Streifen sowohl zur Neuerarbeitung als auch zur Festigung bzw. Lernkontrolle einsetzen.*

FWU-Film 360418: *Honigbiene — Schwänzeltanz*, 5 min, f

Annotation: *Der Film zeigt anhand von drei Experimenten den Informationsaustausch im Bienenstock. Zunächst wird eine Biene gezeigt, die an einem 100 m entfernten in Richtung Sonne liegenden Futterplatz blau markiert wurde und nun den Stockgenossinnen durch den Schwänzeltanz die Lage des Futterplatzes anzeigt und Proben von der Futterquelle verteilt.*
Trickeinblendungen und Zeitlupenaufnahmen lassen den Vorgang deutlich werden. Eine gelb markierte Biene zeigt den Schwänzeltanz, wenn die Futterquelle in einem Winkel von 120 Grad zur Sonne liegt. Eine rot markierte Arbeiterin tanzt langsamer. Ihr Futterplatz liegt etwa 500 Meter entfernt.

Anmerkung: *Mit Hilfe dieses Arbeitsstreifens läßt sich die Thematik Verständigung bei Bienen gut erarbeiten.*

FWU-Film 360064: Zwei Schlüsselreize beim Stichling, 4 min, f

Annotation: *siehe I.3.1.*

Anmerkung: *In der Eingangsphase dieses Films wird die Reaktion eines Stichlingsmännchens auf sein Spiegelbild gezeigt. Diese Reaktion entspricht der, in der ein Stichlingsmännchen an seiner Reviergrenze auf einen Rivalen trifft.*

Klett-Film 99902: Fangverhalten einer Netzspinne, 4 min, f

Filmablauf:
- — Netz im künstlichen Holzrahmen
- — Einhängen einer lebenden Fliege in das Netz
- — Spinne sucht die Beute, beißt sie und spinnt sie ein
- — Transport der Beute zum Schlupfwinkel und Aussaugen
- — Auslösen der Fanghandlung mit elektrischem Vibrator
- — Verhalten gegenüber Fremdkörpern im Netz, aktive Suchbewegungen
- — Herauslösen des Fremdkörpers

Anmerkung: *Mit Hilfe dieses Films kann beispielhaft der nicht zum Sozialverhalten gehörige Bereich des Feind- bzw. Beuteverhaltens aufgezeigt werden.*

WBF-Film: Warum singen Vögel? 14 min, f

Anmerkung: *Der erste Teil des Films bezieht sich im wesentlichen auf methodische Aspekte. Im zweiten Teil wird ein Experiment mit einem Baumpiepermännchen durchgeführt: Das Männchen greift einen Lautsprecher an, aus dem der Gesang eines Rivalen ertönt. Mit diesem Film läßt sich beispielhaft die akustische Reviermarkierung vorstellen.*

FWU-Film 360666: Versuche zum Verhalten der Labormaus — Reviereinnahme, 5 min, f

Annotation: *Eine Labormaus wird in einen leeren Versuchskasten gesetzt, an dessen Rückwand ein Unterschlupfkästchen steht. Zu Beginn des Films werden Orientierungs- und Sicherungsbewegungen gezeigt, dann das Markieren durch Urin und das Absetzen von Kotballen. Im zweiten Teil des Filmes sieht man, wie die Maus ein Brutnest aus aufgehäuften Papierschnitzeln baut.*

FWU-Film 360665: Versuche zum Verhalten der Labormaus — Rangordnung, 4 min, f

Annotation: *Der Film zeigt in Realaufnahmen die einzelnen Phasen der Auseinandersetzung zweier Labormäuse. Gut zu beobachten sind Verhaltensweisen wie Reviererkundung, Schnauzenbeschnuppern, Beißszenen, Angriffshaltung, Schwanzwirbel und schließlich die Demutshaltung der unterlegenen Maus.*

Anmerkung: *Anhand dieses Filmes können die Schüler selbständig wichtige Elemente einer Rangordnungsauseinandersetzung bei Mäusen erkennen (Achtungshaltung, Angriffshaltung, Demutsstellung). Vergleichbare Beobachtungen lassen sich auch im Realversuch mit schulischen Mitteln anstellen.*

Klett-Film 99904: Rangordnung in einer Hühnerschar, 4 min, f

Filmablauf:
- — Hahn der Rasse "Weißes Leghorn" führt seine Schar mit Futterlockruf zum Futtertrog
- — Alpha-Henne frißt als erste, zwei Mauerblümchen stehen abseits
- — durch Kopfbemalung entstellte Hennen der Rasse "Ostfriesische Möwen" erkämpfen neue Stellung; krankes Huhn wird verschont; "Silberhalsige Italiener" und "Weiße Leghörner" werden zusammengetrieben
- — Imponierverhalten der Hähne
- — Überraschungsangriff des Platzhalters, Drohen, Ausfall, Parade des Unterlegenen durch Hochreißen der Flügel zum Schutz von Kopf und Hals
- — siegreicher Hahn mit seiner Schar am Freßtrog
- — Kampf der Hennen

Anmerkung: *Dieser Film eignet sich zur Demonstration wichtiger Elemente des Rangordnungsverhaltens (Drohen, Kämpfen, Überlegenheitsgesten, Angstgesten). Auch können Schüler der Sek. I anhand der Szenen 1 und 2 durchaus Rangordnungsbeziehungen graphisch aufzeigen.*

III.3.2 Zeitschriften

Bergmann, H.-H.: Über die Verwendung des Kampffisches (Betta splendens) im ethologischen Unterricht. Der Biologieunterricht, 1984, Heft 2, S. 42-61, Ernst Klett Verlag

Gliederung und Anmerkung: *siehe I.3.3.1.*

Eschenhagen, D. (Hrsg.): Tiergesellschaften. Themenheft in Unterricht Biologie 10/8, Jahrgang 1984. Friedrich Verlag

Anmerkung: *Neben dem Basisartikel werden folgende Themen abgehandelt: 1. Hühner verständigen sich durch Laute 2. Einzeln oder zusammen? — Beobachtungen im Tierheim 3. Tiergesellschaften bei Raubtieren 4. Rattengesellschaften — Rangbeziehungen und aggressives Verhalten 5. Soziale Verhaltensweisen adulter Dsungarischer Zwerghamster 6. Huf- und Raubtiersozietäten 7. Sommerstaaten der Faltenwespen 8. Ein Bienenfutterplatz im Schulgarten 9. Aktion Ameisengehege.*

Meyer, G. (Hrsg.): Brutpflege. Themenheft in Unterricht Biologie 2/9, Jahrgang 1985, Friedrich Verlag

Anmerkung: *Neben dem Basisartikel werden folgende Themen angeboten: 1. Brutpflege bei Mäusen 2. Feldhase und Wildkaninchen 3. Brutverhalten bei Fröschen 4. Brutvorsorge und Brutfürsorge bei Wanzen 5. Brutpflegeverhalten beim Maulbrüter 6. Helfer am Nest 7. Brutpflegende Fische für das Schulaquarium 8. Brutfürsorge und Brutpflege bei Spinnen 9. Saurier und ihre Jungen*

III.3.3 Bücher

siehe auch I.3.3

Flindt, R.: Verhaltenskunde. Gustav Fischer Verlag (1989)

Anmerkung: *Dieser Band wendet sich, wie auch die anderen Werke aus der Reihe "Basiswissen Biologie" u.a. an Lehrende und Lernende in der Sek. II. Vorgestellt werden schulrelevante Beispiele und Methoden. Mit Hilfe großer und übersichtlicher Abbildungen gelingt eine vorzügliche Veranschaulichung der zentralen Themen dieses Bandes. Der Bereich "Sozialverhalten" nimmt einen großen Raum ein (30 von 88 Seiten).*

Gattermann, R.: Verhaltensbiologisches Praktikum. Aulis Verlag Deubner & Co KG (1990)

Anmerkung: *Der Titel verspricht nicht zuviel: Zahlreiche, auch mit schulischen Mitteln machbare Untersuchungen zum Verhalten von Tieren werden ausführlich beschrieben und hier und da durch z.T. aufwendige Abbildungen illustriert.*

Hornung, G. und **Miram, W.**: Verhaltenslehre. Schroedel Schulbuchverlag (1987)

Anmerkung: *Dieses für den Schüler des Sek. II-Bereichs konzipierte Buch bietet sowohl im Text- als auch im Abbildungsbereich zahlreiche Elemente, die direkt bzw. nach Sek. I-gerechter Überarbeitung in den Sek. I-Unterricht hineingetragen werden können. Zudem gestattet dieses Buch dem Fachlehrer, der mit speziellen Themen der Ethologie nicht mehr hinreichend vertraut ist, einen anschaulichen und gut strukturierten Zugang.*

Lawick-Goodall, J. van: Wilde Schimpansen. Rowohlts Taschenbuch Verlag (1975)

Anmerkung: *Hier wird das Verhalten freilebender Schimpansen in spannender, auch das Verständnis von Kindern ansprechender Weise geschildert. Im Anhang findet man Skizzen zum Mimikverhalten sowie Daten zum Lebenslauf von Schimpansen.*

Lorenz, K.: Der Kumpan in der Umwelt des Vogels. Deutscher Taschenbuch Verlag (1973)

Anmerkung: *Ein breites Spektrum sozialer Strukturen bzw. sozialen Verhaltens wird hier aufgezeigt: Der Elternkumpan, der Kindkumpan, der Geschlechtskumpan, der soziale Kumpan, der Geschwisterkumpan (damit sind die wesentlichen Unterkapitel genannt).*

Lorenz, K.: Er redete mit dem Vieh, den Vögeln und den Fischen. Deutscher Taschenbuch Verlag (1970)

Anmerkung: *Berichte über das Verhalten von Tieren auch für die Hand des interessierten Kindes!*

Remane, A.: Sozialleben der Tiere. Gustav Fischer Verlag (1971)

Anmerkung: *Hier werden beispielhaft interessante, und auch schulrelevante Beispiele sozialer Strukturen in auch schülerverständlicher (Sek. II) Form vorgestellt und erklärt.*

Schmalohr, E.: Frühe Mutterentbehrung bei Mensch und Tier. Kindler Verlag GmbH (1973)

Anmerkung: *Dieser Band aus der Reihe "Geist und Psyche" stellt die im Titel angesprochene Problematik auf breiter und gut verständlicher Ebene vor. Vom Wolfskind über die grundlegenden Arbeiten von* Spitz, R. *und* Bowlby, J. *geht der Autor auch auf neuere Untersuchungen ein. Ein breiter Raum wird den Ergebnissen aus Tierexperimenten zugestanden. Der Band wird abgerundet durch vielfältige (allerdings nicht dem aktuellen Stand entsprechende) Literaturhinweise.*

Ziemen, E.: Der Wolf. Fischer Taschenbuch Verlag (1980)

Anmerkung: *Der Autor, ein Experte für die Biologie der Wölfe, breitet die gesamte Palette sozialen Verhaltens bei Wölfen aus. Eindrucksvolle Fotos und gut gelungene Zeichnungen zum Ausdrucksverhalten des Wolfes erhöhen den Gebrauchswert des Werkes gerade für den schulischen Bereich.*

Zupanc, K.H. (Hrsg.): Praktische Verhaltensbiologie. Verlag Paul Parey (1988)

Anmerkung: *In diesem Werk kommen viele Autoren, jeder ein Experte auf seinem Gebiet, zu Wort. Zunächst werden kurz und prägnant allgemeine Grundlagen der jeweiligen Versuchsthematik vorgetragen und durch Abbildungen veranschaulicht. Dann folgen mehrere ausführliche Versuchsanleitungen. Den Abschluß bilden zahlreiche Literaturhinweise. In der Fülle der ausgebreiteten Versuche finden sich auch zahlreiche, mit schulischen Mitteln gut zu bewältigende Untersuchungen sozialer Verhaltensweisen.*

IV. Unterrichtseinheit (UE): Verhalten des Menschen

Lernvoraussetzungen:

Angeborenes und erlerntes Verhalten bei Tieren; möglichst: Entwicklung des Kindes von Geburt an.

Gliederung:

Die Pfeile geben die hier vorgeschlagene Unterrichtssequenz inhaltlicher Schwerpunkte dieser Unterrichtseinheit an. Es sind aber auch andere Sequenzen denkbar.

1. Angeborene Verhaltensweisen beim Menschen

↓

2. Entwicklung des Menschenkindes

↓

3. Menschen untereinander

↓

4. Menschen lernen lebenslang

Zeitplanung:

Für diese Unterrichtseinheit muß man in der Maximalfassung 6 Unterrichtsstunden aufwenden. Der Zeitaufwand verringert sich um bis zu 2 Stunden, wenn man den Schritt 3 auf das Hospitalismusproblem reduziert und im 4. Unterrichtsschwerpunkt auf das Durchlaufen des Labyrinths verzichtet.

IV.1 Sachinformationen:

Anaklitische Depression:

Diese Form der → *Deprivation* tritt ein, wenn man Kindern im 1. Lebensjahr bis zu 5 Monaten alle Objektbeziehungen vorenthält. Man beobachtet weinerliches Verhalten. Die Kinder klammern sich gern an Besucher, sobald es ihnen gelungen ist, Kontakt mit ihnen herzustellen. Im nächsten Monat geht das Weinen in Schreien über, es kommt zu Gewichtsverlusten. Im 3. Monat dann verweigern sie jeden Kontakt, sie liegen meistens in ihren Bettchen auf ihrem Bauch. Schlaflosigkeit stellt sich ein, weitere Gewichtsverluste treten auf. Erstmals tritt der starre Gesichtsausdruck auf. Nach dem 3. Monat wird der starre Gesichtsausdruck zur Dauererscheinung, das Weinen wird durch ein Wimmern abgelöst. Die zu beobachtende motorische Verlangsamung mündet in Lethargie.

Die anaklitische Depression tritt am häufigsten dann auf, wenn vor der Trennung des Kindes von der Mutter eine besonders gute gefühlsmäßige Bindung zwischen beiden existierte.

Wird dem Kind nach 3-5 Monaten das Liebesobjekt (Mutter, Vater, Pfleger bzw. Pflegerin) wiedergegeben und die Störung aufgehoben, kann mit großer Wahrscheinlichkeit eine mehr oder weniger gute Gesundung des Kindes erwartet werden. Bleibt dagegen die Trennung und somit Störung erhalten, so kommt es zum → *Hospitalismus.*

Angeborenes Verhalten beim Menschen:

Während sich die Verhaltensbiologie bei Tieren mit deren gesamtem Verhalten — angeborenem und erlerntem — auseinandersetzt, steht bei der verhaltensbiologischen Erkundung des Menschen dessen biologisch bedingtes Verhalten im Vordergrund. Dabei darf nicht übersehen werden, daß beim Menschen nicht von angeborenen Verhaltensweisen, sondern lediglich von Verhaltenstendenzen bzw. Verhaltensdispositionen gesprochen werden sollte. Damit wird zum einen der biologisch bedingten Variabilität menschlichen Verhaltens Rechnung getragen, zum anderen wird zugestanden, daß der Mensch durch Einsicht, Lernen und verantwortliche Entscheidungen sich gegen angeborene Verhaltenstendenzen zu stemmen vermag. Beispiele für angeborene Verhaltensweisen des Menschen siehe unter → *Methoden der Humanethologie.*

Deprivation:

Darunter versteht man den Zustand eines Kindes, dem zuvor nicht in ausreichendem Maß und für genügend lange die Möglichkeit zur Befriedigung seiner grundlegenden psychischen Bedürfnisse gegeben wurde. Man kann auch von einem psychischen Leiden sprechen, das aufgrund eines Mangels an Befriedigung von Grundbedürfnissen entsteht. Als grundlegend werden z.B. folgende Bedürfnisse erachtet:

1. Bedürfnisse nach einer gewissen Menge und Variabilität von Reizen. Dazu gehören auch die bei der frühkindlichen Nahrungsaufnahme wahrgenommenen Reize wie Berührung, Stimme der Mutter, Lageveränderung.
2. Bedürfnis zu lernen und Erfahrungen zu machen. In diesen Rahmen gehört das Nachahmungs- und Erkundungsverhalten.
3. Bedürfnis nach primären gesellschaftlichen Beziehungen (Familie, Freundschaft, Gruppenzugehörigkeit). Dazu zählt das frühkindliche Kontaktbedürfnis. Über die Zweiergruppe Säugling-Mutter ist das Kind auch ein Teil der Familie und somit ein Teil der Gesellschaft.
4. Bedürfnis, sich gesellschaftlich geltend zu machen. Man könnte hier an Bereiche wie Rangordnung, Abgrenzung denken.

Hospitalismus:

Unter dieser Form der → *Deprivation* versteht man ein Mangelleiden, das durch einen Heim- oder Krankenhausaufenthalt entsteht. Die grundlegenden Untersuchungen gehen auf *Spitz, R.* zurück. Dieser spricht von Hospitalismus, wenn man den Kindern im 1. Lebensjahr länger als 5 Monate alle Objektbeziehungen vorenthält, sie also ohne ausreichenden Ersatz von der Mutter bzw. vom Liebesobjekt trennt. In den ersten 4-5 Monaten der Trennung von der Mutter bzw. vom Liebesobjekt durchlaufen die Kinder die Stadien der → *anaklitischen Depression.* Danach kann man folgendes beobachten: Die Kinder werden völlig passiv. Sie liegen in ihren Betten auf dem Rücken. Sie verfügen nicht über die motorische Beherrschung, die notwendig ist, um sich in die Bauchlage zu drehen. Der Gesichtsausdruck ist leer, fast schwachsinnig. Die Koordination der Augen läßt nach. Es kommt zu seltsamen Bewegungen, die an krankhafte Bewegungsformen erinnern. Am Ende des 2. Lebensjahres erreichen diese Kinder nur einen Entwicklungsquotienten von 45 (der von 100 wird von den meisten Kindern dieses Alters erreicht). Im Alter von 4 Jahren können sie bis auf wenige Ausnahmen weder sitzen, stehen, laufen oder sprechen. Besonders erschreckend ist die hohe Sterblichkeit. *Spitz* beobachtete, daß von 91 Kindern im 1. Lebensjahr 27 und im 2. Lebensjahr 7 weitere starben.

Als Folge der frühen massiven Entbehrung mütterlicher Fürsorge kommt es insgesamt zu einem gefühlsmäßigen und späterhin im buchstäblichen Sinne zu einem auch körperlichen Verhungern. Nachuntersuchungen an Personen, die in früher Kindheit derartig belastet wurden, haben allerdings keine signifikanten Auffälligkeiten ergeben.

Lagerjunges:

Ein Lagerjunges ist ein nacktes und blindes neugeborenes Säugetier, seine Gehörgänge sind verschlossen. Es ist zur Thermoregulation nicht befähigt, bewegen kann es sich allenfalls kriechend in wenig abgestimmter Koordination der dazugehörigen Skelettmuskulatur. Der Entwicklungszustand entspricht dem eines Nesthockers bei Vögeln. Beispiel: Kaninchen.

Laufjunges:

Im Gegensatz zum Lagerjungen ist ein Laufjunges viel weiter entwickelt: Es ist behaart, Augen und Ohren sind offen, es kann sich orientieren und selbständig bewegen. Schon kurz nach der Geburt kann es seiner Mutter folgen. Sein Entwicklungszustand entspricht dem eines Nestflüchters bei Vögeln. Beispiel: Fohlen, Gazelle.

Lernen beim Menschen:

Der Mensch ist in seiner Merk- und Lernfähigkeit den Tieren weit überlegen. Die Lernfähigkeit ist, neben der Sprachfähigkeit, das eigentlich menschentypische Merkmal. Und dabei ist von besonderem Gewicht, daß diese Lernfähigkeit lebenslang erhalten bleibt, während sie beim Tier vorwiegend in der Jugend anzutreffen ist. Zudem ist die Jugendphase, in der auch beim Menschen viele Lernvorgänge besonders schnell und effektiv ablaufen, beim Menschen deutlich länger als bei Tieren: Ein Viertel bis ein Fünftel seiner Lebenszeit verbringt ein Mensch in Kindergarten, Schule und Berufsausbildung, also in Lerninstitutionen.

Während sich der Vorgang des Lernens zumindest vom Ergebnis her auch quantitativ gut erfassen läßt (z.B. Lernkurve für das wiederholte Durchlaufen eines Labyrinths), konnte eine allgemein akzeptierte, alle Lernformen erklärende einheitliche Lerntheorie bisher nicht gefunden bzw. aufgestellt werden. Schon die Klassifizierung menschlichen Lernens in die verschiedenen Lernformen wie Konditionierung, Lernen nach Versuch und Irrtum (siehe auch Sachinformation zur II. UE) u.a. stellt sich als problematisch dar, ist doch eine Abgrenzung wiederholt nicht möglich und hat doch die Benennung häufig nur plakativen Charakter. In neueren Büchern zum menschlichen Verhalten wird dann auch auf eine Systematisierung menschlicher Lernformen verzichtet.

Methoden der Humanethologie:

Der einfachste und unzweifelhafte Beweis für das Vorliegen angeborenen Verhaltens wäre über ein *Isolationsexperiment* zu erbringen. Aus ethischen Gründen verbietet sich jedoch ein solches Experiment mit Menschenkindern. Zudem ist zu erwarten, daß ein unter Erfahrungsentzug aufwachsender Mensch sich später nicht normal verhalten wird. Problematisch ist auch der *Tier-Mensch-Vergleich.* Er liefert lediglich Arbeitshypothesen, die dann beim Menschen durch Beobachtungen und Experimente überprüft werden müssen. Auch im somatischen Bereich können an anderen Säugetieren gewonnene Ergebnisse nicht ohne weiteres auf den Menschen übertragen werden. So sind zwar bei der Erprobung von Medikamenten die an Tieren gewonnenen Ergebnisse von beträchtlichem Wert, eine Erprobung des jeweiligen Medikaments am Menschen können sie jedoch nicht ersetzen. Eindeutigere Aussagen erhält man durch die *Untersuchung menschlicher Säuglinge.* Diese verfügen bei der Geburt über verschiedene funktionsfähige Verhaltensweisen wie Schlucken, Trinken oder Atmen, die unzweifelhaft angeboren sind. Auch der Greifreflex und die Brustwarzensuchbewegung gehören zum Repertoire angeborener Verhaltensweisen eines Menschenjungen. Eine weitere Methode besteht in der *Untersuchung taubblinder Kinder*, die aufgrund ihrer körperlichen Defekte ganz bestimmte Erfahrungen nicht sammeln können. Man beobachtet, daß diese Kinder ganz ähnlich wie normale Kinder lachen oder weinen, bei Ärger senkrechte Zornfalten in der Stirn ausbilden oder mit dem Fuß auf den Boden stampfen. Eine weitere Methode besteht im *Kulturenvergleich*. So beobachtet man bei allen untersuchten menschlichen Populationen Rangordnungsverhalten, Revierverhalten oder anderes Besitzverhalten. Der Bewertung dieser Übereinstimmungen liegt folgende Überlegung zugrunde: Wenn in verschiedenen Kulturen, die sich in unterschiedlichen ökologischen Umfeldern entwickelt haben und nicht miteinander in Verbindung stehen, grundsätzliche Übereinstimmungen in bestimmten Verhaltensbereichen zu beobachten sind, so muß es sich um genetisch bedingte Übereinstimmungen handeln. In diesem Zusammenhang darf allerdings nicht übersehen werden, daß bestimmte, universell auftretende Verhaltensweisen wie die Nutzung des Feuers sehr wohl erlernt und als konvergent entwickelt bewertet werden müssen. Die Methode der *Zwillingsforschung* nutzt den Sachverhalt, daß eineiige Zwillinge identisch hinsichtlich ihrer Erbanlagen sind. Zeigen sich z.B. bei eineiigen Zwillingen, die gleich nach der Geburt getrennt und dann in sehr unterschiedlichen Umwelten aufwuchsen, kennzeichnende Verhaltensübereinstimmungen, so lassen sich diese mit großer Wahrscheinlichkeit auf genetische Übereinstimmungen zurückführen.

Rangordnungsverhalten:

Eindeutig ist die Bereitschaft des Menschen, sich unterzuordnen. In den Experimenten *Pilgrimms* gaben Versuchspersonen auf Anweisung hin weiterhin Strafreize wie Elektroschocks, obwohl die Opfer überzeugend echt klagten und vor Schmerz schrien. Immer wenn einzelne Versuchspersonen mit Strafaktionen aufhören wollten, konnten die Versuchsleiter sie mit Appellen wie: "Sie müssen weitermachen!" oder "Der Versuch verlangt es!" zur Fortsetzung bewegen. Die Versuchspersonen beugten sich der Autorität des Versuchsleiters und taten (vermeintlich) Dinge, die sie sonst aus ethischen Gründen wohl nicht akzeptiert und praktiziert hätten.

Eibl-Eibesfeldt sieht im menschlichen Rangordnungsverhalten eine Fortführung des im Primatenbereich beobachteten Verhaltens dieser Art.

Schon in Kindergruppen bilden sich in allen Völkern Rangordnungen aus. Bringt man z.B. Jungen, die sich nicht kennen, in einem Ferienlager zusammen, so kann man schon nach wenigen Stunden die Entwicklung von Rangbeziehungen beobachten. Innerhalb weniger Tage bilden sich komplexe Rangordnungen heraus.

Sozialisation:

In dieser so bedeutsamen Zeit der ersten Lebensjahre tritt das heranwachsende Kind (vergleichbares gilt für die Jungen von Primaten) in eine bestimmte soziale Beziehung zu allen mit ihm in engerem Kontakt stehenden Menschen. Man unterscheidet dabei drei Phasen: Während der *primären S.* wird der Säugling von seiner Mutter bzw. von seinem Vater in seinen Grundbedürfnissen versorgt. Zwischen beiden entwickelt sich eine individuelle Bindung, die auf einem Grundvertrauen fußt. In der nachfolgenden *Enkulturation* werden angeborene Verhaltenselemente kulturell beeinflußt. Neue, im Erbprogramm nicht niedergeschriebene Verhaltensweisen werden erlernt. Im Rahmen der Familie — auch ein anderer sozialer Rahmen ist denkbar — werden erste Wertorientierungen vorgenommen. Durch soziale Erfahrungen entwickelt sich ein neustrukturiertes Motivationssystem. Das Sprachverhalten wird aufgebaut. Die *sekundäre soziale Fixierung* betrifft die Zeit, in der die Kinder die Erwartungen der sozialen Umwelt weitgehend akzeptieren und die von ihnen erwarteten Rollen übernehmen. Zunehmend gewinnen außerfamiliäre Einflüsse an Bedeutung. Mit zunehmender Reife tritt rationales und einsichtiges Verhalten in den Vordergrund. Störungen der Sozialisation führen zu schwerwiegenden Folgen. Besonders negativ wirken sich Störungen der primären Sozialisation aus: → *anaklitische Depression*, → *Hospitalismus*, → *Deprivation*.

Territorialverhalten:

Dieses Verhalten, gleichbedeutend mit dem Revierverhalten, wird bei allen Kulturen beobachtet, es gehört somit zu den → *Verhaltensuniversalien*. Auch bei Jägern und Sammlern, so z.B. bei Buschleuten Afrikas beobachtet man ein solches Verhalten. So gibt es neben dem Hordenrevier, in dem jedes Mitglied einer Horde sammeln und jagen darf, auch solche Bereiche, die als Familienareale von den nicht zur Familie gehörenden Hordenmitgliedern respektiert werden. Im europäischen Kulturkreis stößt man auf andere Ausprägungsformen territorialen Verhaltens: Zäune, Mauern, Hecken. Auch sind die Ritualien, nach denen anderen Zutritt zum eigenen Territorium gewährt wird, kulturbestimmt: Überreichen von Gastgeschenken, Grüßen, Beachten bestimmter Eingangsbereiche.

Tragjunges:

Darunter versteht man ein Neugeborenes, das dauernd von seiner Mutter herumgetragen wird. Bei manchen Affen, wie z.B. bei Pavianen, beteiligen sich auch die Männchen daran. In der Regel handelt es sich bei den Arten mit Tragjungen um Baumbewohner oder Flieger. Ausnahmen davon sind auch bekannt, z.B. Eichhörnchen, die ihre Jungen in einem Kobel aufziehen. Bei Bodenbewohnern stößt man allerdings auch auf Traglinge, so z.B. bei Pavianen. Hier vermutet man, daß die Vorfahren baumlebend waren.

Tragling:

Nach *Hassenstein* werden manche Tragjunge im Entwicklungszustand eines → *Laufjungen* geboren, sind aber nicht imstande, ihrer Mutter zu folgen. Sie können sich aber aus eigener Kraft an ihr festklammern. Das Menschenkind erweckt zwar auf den ersten Blick den Eindruck eines → *Lagerjungen*. Da es jedoch nicht blind ist und keine geschlossenen Gehörgänge aufweist, darf man es nicht als solches bezeichnen. Ein Laufjunges ist es allerdings auch nicht, da es nicht laufen kann. Der Handgreifreflex — ein in die Handfläche eines Neugeborenen gelegter Finger führt zum Zupacken mit einer solchen Festigkeit, daß man es daran hochheben kann — deutet darauf hin, daß der Mensch baumlebende behaarte Vorfahren hatte und das Menschenkind folglich als ehemaliger Tragling zu bezeichnen ist. Wenn Menschenmütter ihren Säugling in einem Tragetuch dauernd mit sich nehmen, kann man den ehemaligen Tragling Menschenjunges heute als *passiven Tragling* benennen.

Verhaltensuniversalien:

Damit werden Verhaltensweisen benannt, die bei allen untersuchten Kulturen bzw. Völkern beobachtet werden können bzw. beobachtet wurden. Dazu gehören z.B. das Drohen durch Anstarren mit geöffnetem Mund und entblößten Zähnen oder Imponieren, aufrechte Haltung, Betonung der Körpergröße und der Schulterbreite. Diese und weitere Verhaltensuniversalien können als Ergebnis kulturvergleichender Untersuchungen als Beleg für angeborene Verhaltensweisen des Menschen herangezogen werden.

IV.2 Informationen zur Unterrichtspraxis

IV.2.1 Einstiegsmöglichkeiten

Einstiegsmöglichkeiten	Medien
A.	
■ L zeigt mit Hilfe eines Episkops Comic-Figuren von z.B. *Walt Disney*	■ Comic-Hefte wie z.B. Donald Duck, Micky Mouse ***Anmerkung:*** *Wichtig ist, daß die vorgestellten Comic-Figuren dem Kindchen-Schema entsprechende Köpfe tragen.*
► **Problemfrage:** Warum findet man die Köpfe der vorgestellten Comic-Figuren durchweg niedlich?	■ Tafel
B.	
■ L teilt Arbeitsblatt aus, auf dem die Körperhaltung eines Schimpansen und eines Menschen bei Lärmeinwirkung von oben dargestellt ist	■ Material IV./M 3 (Materialgebundene Aufgabe): Lärm von oben — Reaktion bei Mensch und Schimpanse ***Anmerkung:*** *Es empfiehlt sich, dieses Material in Form eines AMA an die SuS heranzutragen. So mag aus der gemeinsamen Betrachtung des ethologischen Sachverhaltes die eigentliche Problemfrage erwachsen bzw. im Ansatz deutlich werden.*
► **Problemfrage:** Welche Schlußfolgerungen kann man aus dem weitgehend übereinstimmenden Verhalten von Schimpanse und Mensch ziehen?	■ Tafel
Unterrichtliche Anmerkung: *Es darf nicht übersehen werden, daß der voranstehenden Problemfrage biologische Zusammenhänge zugrunde gelegt werden, die unterrichtlich in der Regel noch nicht vorbereitet worden sind; verwandtschaftliche Beziehungen zwischen Menschenaffen und Menschen werden zu einem späteren Zeitpunkt unterrichtlich aufgegriffen. Diese verwandtschaftlichen Zusammenhänge gehören jedoch zum sog. Alltagswissen vieler, vielleicht sogar der meisten SuS, so daß die beabsichtigte Schlußfolgerung, aufgrund des verwandtschaftlichen Zusammenhanges müßten dem beobachteten Verhalten erbliche Komponenten zugrunde gelegt werden, naheliegend und somit weiterführend ist. Andernfalls mag der Hinweis gegeben werden, daß das bei der Versuchsperson beobachtete Verhalten auch bei anderen Menschen festzustellen ist.*	

IV.2.2 Erarbeitungsmöglichkeiten

Erarbeitungsschritte	Medien
Beide Einstiegsmöglichkeiten führen zum unterrichtlichen Schwerpunkt "Angeborene Verhaltensweisen beim Menschen". Dieses Thema sollte zu Beginn einer UE "Verhalten des Menschen" stehen, um zunächst die erbliche Bedingtheit einfacher und zumeist in frühen Stadien des ontogenetischen Ablaufs anzutreffender Verhaltensweisen aufzuzeigen. Zudem kann deutlich werden, daß der Mensch auch in bestimmten Verhaltensbereichen, neben morphologischen, anatomischen oder physiologischen Übereinstimmungen mit anderen Säugetieren, Gemeinsamkeiten mit tierischen Verwandten zeigt. Zum anderen erscheint eine frühe Abhandlung angeborener Verhaltenselemente des Menschen geboten, um dann in späteren Phasen des Unterrichtsganges die Plastizität menschlichen Verhaltens deutlich zu machen, das durch Lernvorgänge bzw. Erfahrungen in wesentlichem Umfang erweiterbar und modifizierbar ist.	
A./B. 1. Angeborene Verhaltensweisen beim Menschen	
■ SuS-Übung: Kindchen-Schema	■ Material IV./M 1 (Materialgebundene Aufgabe): Das Kindchen-Schema
■ Unterrichtsgespräch: Merkmale des Kindchen-Schemas	■ Tafel

Erarbeitungsschritte	Medien
***Unterrichtliche Anmerkung**: Das Material sollte zunächst im vorgesehenen Sinne eingesetzt werden, so können die SuS die Merkmale des Kindchen-Schemas selbständig erarbeiten. In einem weiteren Schritt kann ein stärker handlungsorientiertes Moment initiiert werden: Die SuS setzen das Material als Befragungsinstrument ein: die befragten Personen können dem häuslichen Bereich oder der Schule entstammen. Der Arbeitsauftrag erfährt dann folgende Umformulierung: "Lege das Arbeitsblatt einer Person vor, decke die Aufgaben a-c mit einem Stück Papier ab und forderte dann die Person auf, vier besonders niedliche Kopfumrisse zu nennen. Notiere die Nennungen! Wiederhole die Befragung bei weiteren Personen und zähle dann zusammen, welche Kopfumrißformen besonders häufig als niedlich benannt wurden!"*	
■ Unterrichtsgespräch: Reaktion auf das Kindchen-Schema als angeboren zu betrachten; biologische Bedeutung dieser Reaktion im Rahmen der Kleinkindversorgung	■ Tafel
■ Unterrichtsgespräch: Nutzung der Reaktion auf das Kindchen-Schema in der Spielzeugindustrie und in der Werbung	■ Stofftiere; Werbemotive mit Babys oder Kleinkindern
■ SuS-Übung: Prüfung der Frage, ob Verhaltenselemente angeboren sind, bevorzugt bei Neugeborenen möglich, die noch keine bzw. wenige Erfahrungen sammeln konnten	■ Material IV./M 2 (Materialgebundene Aufgabe): Was ein Neugeborenes alles kann ***Anmerkung:** Alternativ bzw. zusätzlich können auch Berichte über das Verhalten von taubblinden Neugeborenen vorgelesen werden, z.B. Eibl-Eibesfeldt, I.: Grundriß der vergleichenden Verhaltensforschung. S. 558 ff.*
A./B. 2. Entwicklung des Menschenkindes	
■ L-Demonstration: Film über Mutter-Kind-Bindungen	■ Klett-Film 998779: Mutter-Kind-Bindung bei Tieren; im vorliegenden Zusammenhang sollten die ersten 5 Szenen vorgeführt werden.
■ Unterrichtsgespräch: Das Menschenjunge im Vergleich; das Menschenjunge ein passiver Tragling	■ Arbeitstransparent 3 (Medientasche): Brutpflege von Neugeborenen (s. Quellenhinweise auf S. 81)
■ SuS-Übung: Wechselspiel vom Ausreifen angeborener Verhaltenstendenzen und Lernprozessen	■ Material IV./M 4 (Materialgebundene Aufgabe): Alles zu seiner Zeit — Entwicklung wichtiger Verhaltensbereiche ***Anmerkung:** Ergänzend kann folgender Film vorgeführt werden: IWF-Film C 651: Die Entwicklung der frühkindlichen Motorik I — Nahrungsaufnahme.*
■ Unterrichtsgespräch und SuS-Übung: Bedingungen für eine normale Entwicklung / Hospitalismus	■ Material IV./M 5 (Materialgebundene Aufgabe): Hospitalismus — ein Kind wird allein gelassen ***Anmerkung:** Auf filmisches Material sollte man im Hinblick auf die Altersstruktur der Lerngruppe nicht zurückgreifen.*
■ L führt Filmausschnitte von Isolationsexperimenten mit Rhesusaffen vor	■ Klett-Film 998779: Mutter-Kind-Bindung bei Tieren (Szene 6)
■ SuS-Übung: Isolationsexperimente mit Tieren als Methode zur Erforschung menschlichen Verhaltens	■ Material IV./M 6 (Materialgebundene Aufgabe): Mutterbindung bei Rhesusaffen
■ Unterrichtsgespräch und SuS-Übung: Bedeutung von Lernvorgängen für die Entwicklung des Sozialverhaltens	■ Material IV./M 7 (Materialgebundene Aufgabe): Miteinander aufwachsen — miteinander leben ***Anmerkung:** An dieser Stelle läßt sich eine vertiefte Anschaulichkeit erreichen durch die Szenen 7, 8 und 9 des Klett-Films 998779: Mutter-Kind-Bindung bei Tieren*

Erarbeitungsschritte	Medien
A./B. 3. Menschen untereinander	
Dieser Verhaltensbereich, der natürlich auch Aspekte der bis zu diesem Zeitpunkt behandelten Unterrichtsschwerpunkte mit einschließt, ist thematisch der umfangreichste und vielfältigste. Einer unterrichtlichen Behandlung im Sek.I-Bereich verschließt er sich allerdings weitgehend dadurch, daß er durch ein hohes Maß an Komplexität und mannigfaltige Interpretierbarkeit gekennzeichnet ist. Es erscheint daher allenfalls sinnvoll, die Vielfalt der Verhaltensbereiche anzudeuten und dann beispielhaft einen Verhaltensbereich auf die Experimentierbühne zu heben.	
■ L projiziert Film über Kommunikationsaspekte beim Menschen ***Anmerkung:*** *Alternativ kann die Lerngruppe aufgefordert werden, Verhaltensweisen von SuS untereinander oder von Menschen auf der Straße untereinander zu beobachten und zu benennen.*	■ Klett-Film 994679: Kommunikation beim Menschen — Beispiele aus der Gebärdensprache
■ Unterrichtsgespräch: Vielfalt der Verhaltensweisen von Menschen untereinander	■ Tafel
■ SuS-Übung: SuS bauen einen Turm, ihr Verhalten während der Bauzeit wird beobachtet und protokolliert	■ Material IV./M 8 (Experiment): Turmbau-Übung oder "Wer mit wem?" ***Anmerkung:*** *Es empfiehlt sich, besonders geeignete, sorgfältig beobachtende, sprachlich kompetente SuS für die Aufgabe des Beobachters und Protokollanden vorzusehen.*
■ Unterrichtsgespräch: Auswertung der Protokolle, Hypothesenbildung zur Erklärung der Befunde	■ Tafel, z.B.: *Auswertung*: Nils führt gern Anordnungen aus; Sabine entwickelt gute Ideen; Klaus arbeitet nur unwillig mit; Anke wird als "Boß" anerkannt. *Hypothesen:* Die Einordnung in eine Rangordnung ist erblich bedingt. Unsere Erziehung begünstigt die Bereitschaft zur Unterordnung...
A./B. 4. Menschen lernen lebenslang	
Es geht in diesem unterrichtlichen Schwerpunkt weniger darum, die verschiedenen Formen des Lernens aufzuzeigen; das mag späteren Unterrichtsveranstaltungen in der Sek. II (wurde ansatzweise schon in der UE II. "Erlerntes Verhalten" angedeutet) vorbehalten bleiben. Wichtiger erscheint das Ziel, den SuS den Vorgang des Lernens bewußt zu machen und herauszustellen, daß ein wichtiges Kennzeichen des Menschen in der Fähigkeit zu lebenslangem Lernen zu sehen ist. Dabei soll anklingen, daß die lebenslange Lernfähigkeit vornehmlich im sozialen und weniger im rein kognitiven Bereich von Bedeutung ist.	
■ SuS-Übung: Experimentelle Untersuchung eines Lernvorganges: Labyrinthversuche	■ Material IV./M 9 (Experiment): Durchlaufen eines Labyrinths ***Anmerkung:*** *Statt eines Stücks Papiers kann dem Labyrinth auch eine Folie untergelegt werden; so können in der Auswertungsphase die Ergebnisse der getesteten Personen über einen Arbeitsprojektor dem Plenum vorgestellt werden.* *Es kann an dieser Stelle auch das etwas komplexer strukturierte Labyrinth (Arbeitstransparent 4.) aus der Medientasche verwendet werden. Dann wird der Versuch vor dem Plenum mit einzelnen SuS durchgeführt.*
■ Unterrichtsgespräch: Auswertung (Übung verbessert den Lernerfolg); Beispiele für die Bedeutung dieser Form des Lernens (Nachschlagen in einem Fachbuch, Lösen eines Puzzles u.a.)	■ Tafel ■ Nachschlagewerk (ggf. eingeführtes Lehrbuch) ■ Puzzle

Erarbeitungsmöglichkeiten	Medien
■ Unterrichtsgespräch und SuS-Übung: Frage nach der für den Menschen typischen Lernform	■ Material IV./M 10 (Materialgebundene Aufgabe): Lösen eines Problems
■ Unterrichtsgespräch und SuS-Übung: Bereiche menschlichen Lebens, in denen Lernen von Bedeutung ist	■ Material IV./M 11 (Materialgebundene Aufgabe): Vater lernen ist (nicht) schwer
Unterrichtliche Anmerkung: *Es erscheint von beträchtlicher Bedeutung, an dieser Stelle Lernen auch als das Verhalten zu definieren, tradiertes (Rollen) Verhalten zu reflektieren, den Erfordernissen veränderter Umwelt- und Lebensbedingungen gegenüberzustellen und dann gegebenenfalls ein neues, den Veränderungen besser Rechnung tragendes (Rollen) Verhalten einzuüben.*	

Quellenhinweise zu Arbeitstransparent 3:

Riesenkänguruh. Neugeborenes an Zitze saugend im Beutel (Foto: *Alan Root* / OKAPIA)
Koala mit Neugeborenem (Foto: *Alan Root* / OKAPIA)
Thomsongazelle mit Neugeborenem (Foto: Mainbild Ernst Müller / XENIEL-Dia)
Mutter und Baby (Foto: Mainbild Ernst Müller / XENIEL-Dia)
Hauskaninchen mit Neugeborenen (Foto: *Hans Reinhard* / OKAPIA)

IV. / M 1	**Das Kindchen-Schema**	**Materialgebundene AUFGABE**

Arbeitsmaterial:

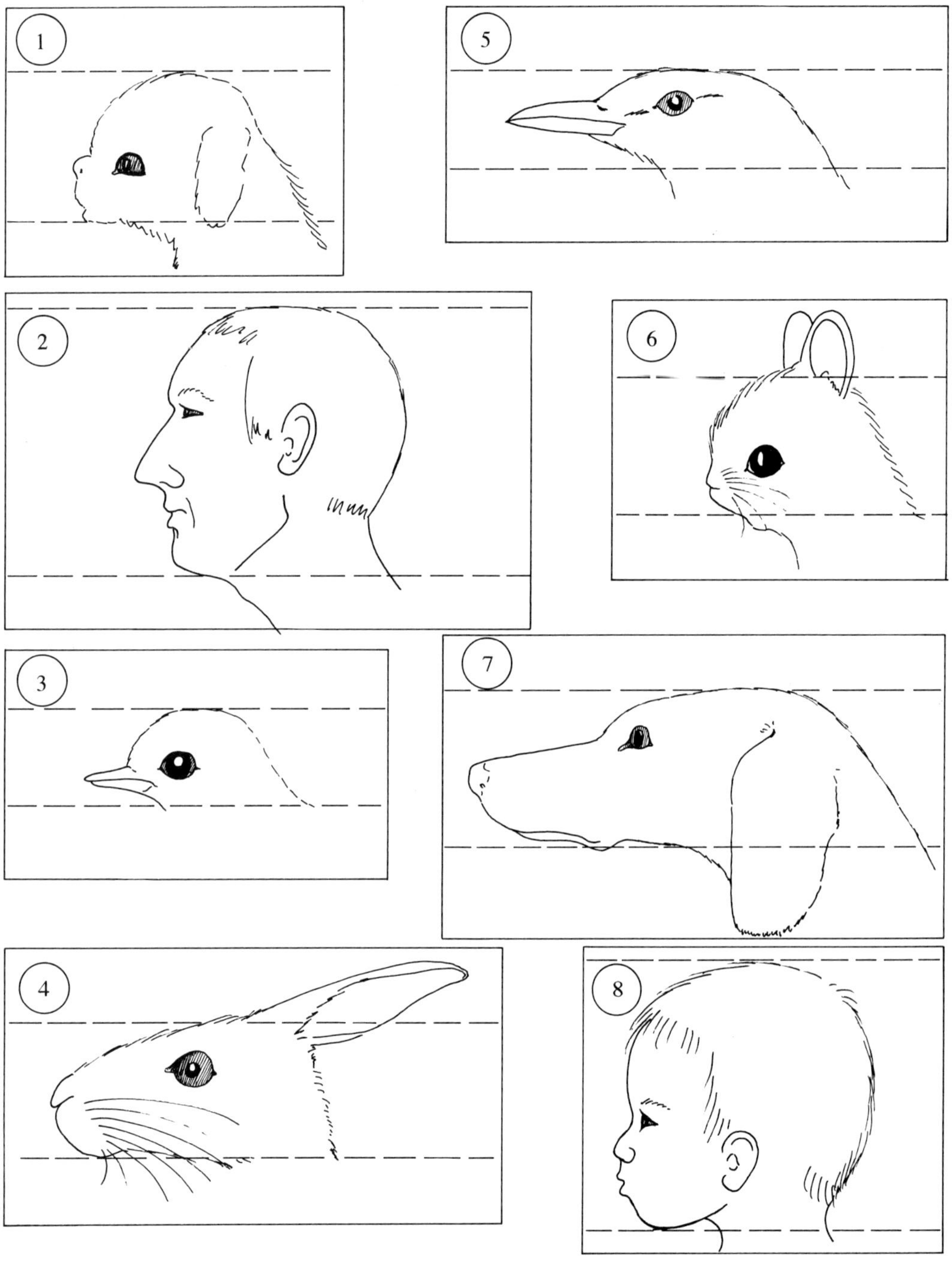

Quelle: *Eibl-Eibesfeldt, I.*: Grundriß der vergleichenden Verhaltensforschung, R. Piper & Co. Verlag, München 1967, S. 604

Aufgaben:

a) Schneide die Kopfumrißzeichnungen entlang der durchgezogenen Linien aus! Lege dann auf einem DIN A4-Blatt eine zweispaltige Tabelle an und bringe dort die acht Kopfumrißzeichnungen unter!

b) Nenne die Merkmale, nach denen du die Zuordnung der einzelnen Kopfumrißzeichnungen zu den beiden Spalten vornimmst! Beachte bei deinen Ausführungen auch die gestrichelten Hilfslinien!

c) In welcher Spalte würdest du Kopfumrißzeichnungen von Spielpuppen, Teddies und Stofftieren unterbringen?

IV. / M 2	Was ein Neugeborenes alles kann	Materialgebundene AUFGABE

Arbeitsmaterial:

Die folgenden Beobachtungen kann man bei annähernd allen Neugeborenen anstellen:

A. Berührt man mit einem Finger oder einem anderen Gegenstand die Handfläche eines neugeborenen Säuglings, so schließen sich dessen Finger um den berührenden Gegenstand in einer geordneten Abfolge:

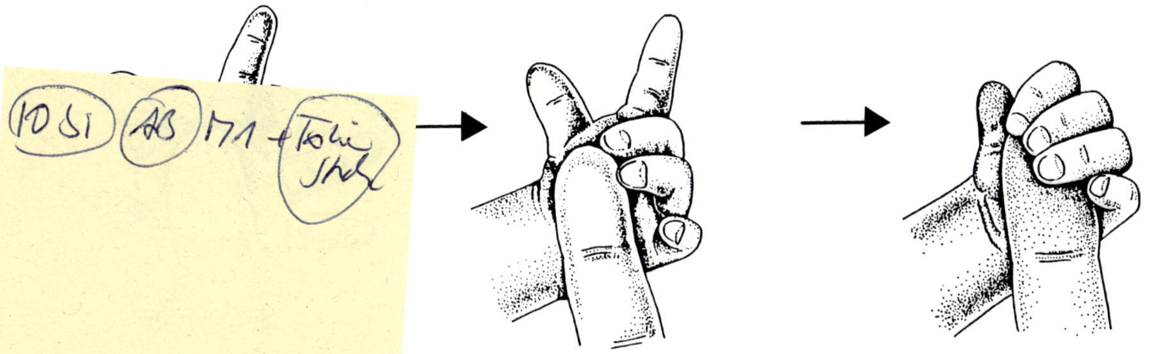

… ʒreifbewegung so stark ausgebildet sein, daß sich ein Säugling an einer auf-
… hang oder im Hand- und Beinhang festhalten kann:

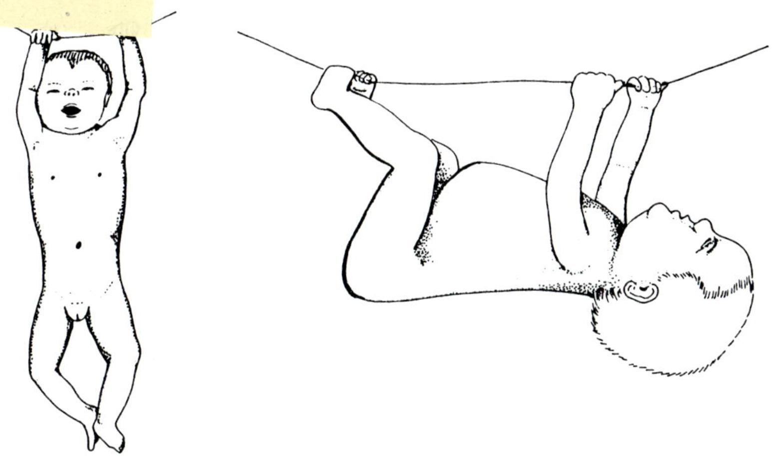

C. In den ersten Lebenswochen kann man bei einem Säugling das sogenannte Suchverhalten beobachten. Ein Kind, das z.B. auf den Körper der Mutter gelegt wurde, dreht seinen Kopf rhythmisch hin und her. Diese Suchbewegungen, die spontan oder nach Berühren der Lippen auftreten, enden, wenn der Säugling die Brustwarze in den Mund bekommt:

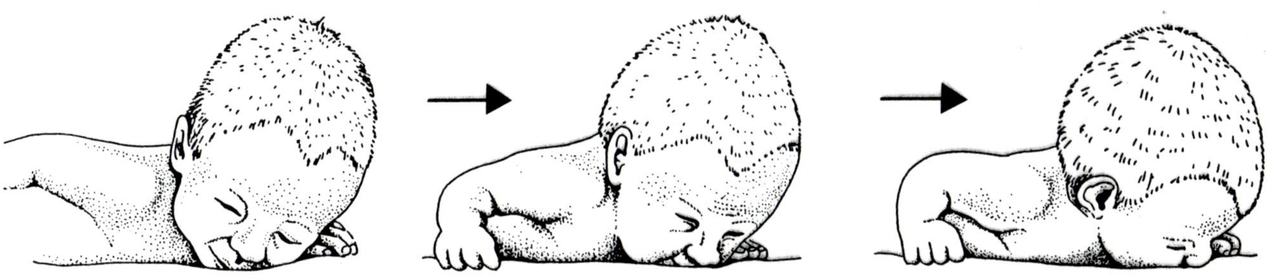

Quelle: PdN - Biologie 6/90, Aulis Verlag Deubner & Co KG Köln, 29. Jahrgang, S. 185

Aufgabe:

a) Beschreibe den genauen Ablauf der Greifbewegung beim Säugling!

b) Äußere dich zur biologischen Bedeutung der Verhaltensweisen!

c) Was spricht dafür, daß die Verhaltensweisen angeboren sind?

IV. / M 3	Lärm von oben — Reaktion bei Schimpanse und Mensch	Materialgebundene AUFGABE

Arbeitsmaterial:

Ein Schimpanse und ein Mensch werden in je einen Versuchsraum gebracht. Man wartet, bis sie sich an die neue Umgebung gewöhnt haben. In den Skizzen A und B ist ihre Körperhaltung in einer Momentaufnahme wiedergegeben:

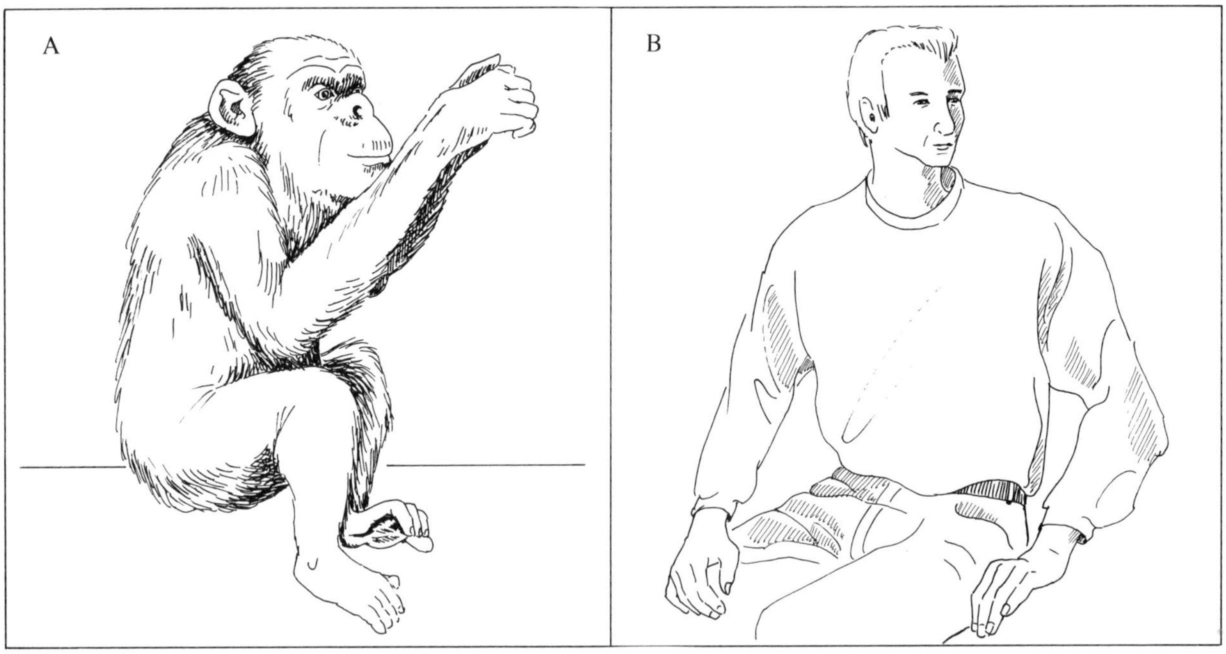

Plötzlich ertönt aus einem in der Decke des Raumes installierten Lautsprecher das ohrenbetäubende Geräusch eines startenden Düsenflugzeugs. Die Skizzen C und D geben die Reaktion des Schimpansen und des Mannes auf diesen von oben einwirkenden Lärm wieder:

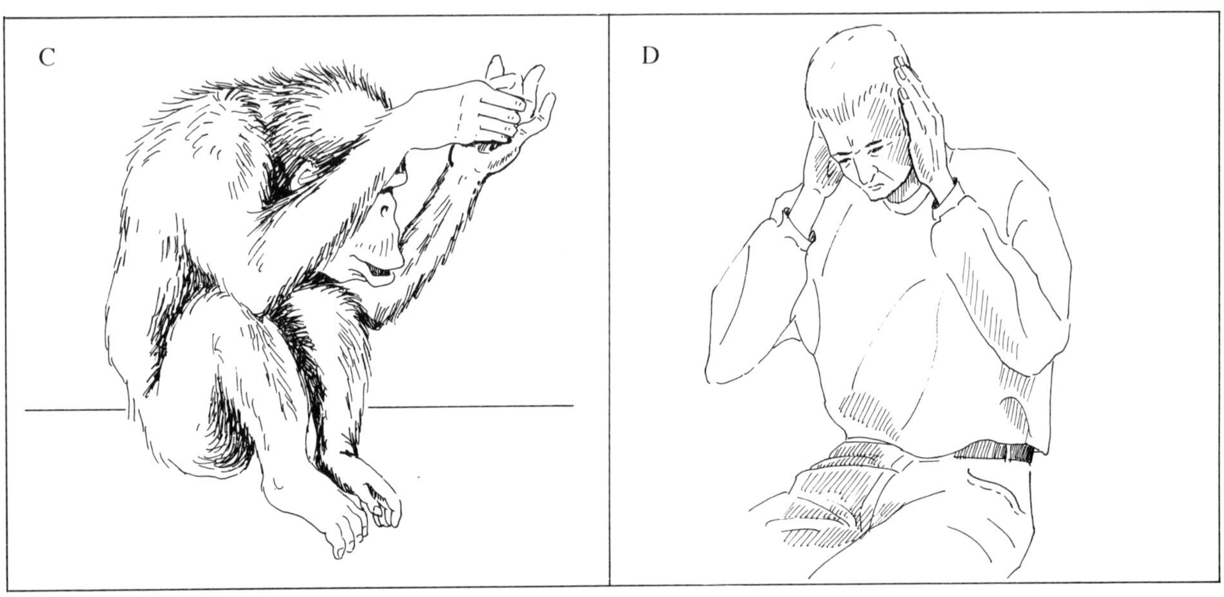

[verändert nach *Dylla, K.*: Verhaltensforschung. Quelle & Meyer Verlag Heidelberg, Wiesbaden (1971)]

Aufgaben:

a) Beschreibe die Körperhaltung des Schimpansen und des Menschen vor und nach der Lärmentwicklung!

b) Nimm Stellung zu dem Versuchsergebnis!

IV. / M 3	**Alles zu seiner Zeit — Entwicklung wichtiger Verhaltensbereiche**	**Materialgebundene AUFGABE**

Arbeitsmaterial:

In den folgenden Graphen ist das Auftreten verschiedener Verhaltensbereiche (unter Verhaltensbereich wird hier eine größere Anzahl zusammengehörender Verhaltensweisen verstanden) in Abhängigkeit vom Lebensalter aufgetragen. Hohe Ordinatenwerte bedeuten "gut entwickelt", niedrige "schwach entwickelt".

A: Nahrungsaufnahme (Essen, Trinken, geschmackliche Überprüfung)

B: Frühkindliches Kontaktbedürfnis (Bedürfnis nach Berührungen, nach liebevollen Worten, nach freundlichen Blicken oder Lächeln)

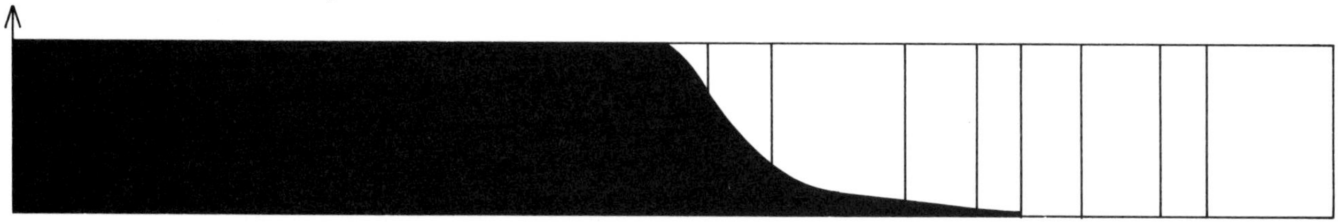

C: Persönliche Bindung zwischen Kind und Bezugsperson (Vertrautwerden mit einer immer wieder auftauchenden Bezugsperson)

D: Erkunden des eigenen Körpers, der näheren Umgebung; Spielen; Nachahmen

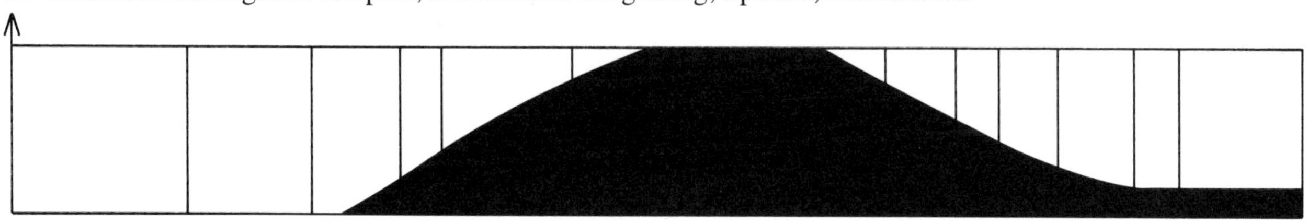

E: Sexualentwicklung

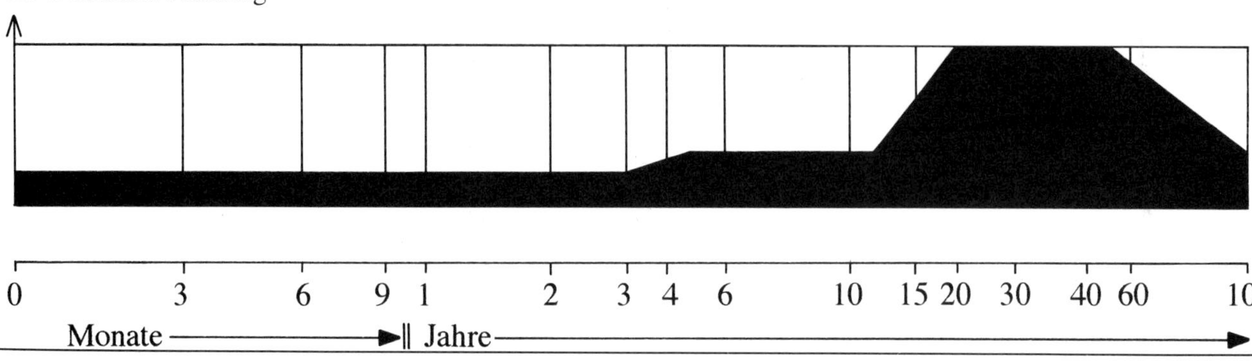

Aufgaben:

a) Beschreibe vergleichend das Auftreten der 5 Verhaltensbereiche!

b) Nenne weitere Verhaltensbereiche/Verhaltensweisen, die sich altersabhängig entwickeln!

IV. / M 5	Hospitalismus — ein Kind wird allein gelassen	Materialgebundene AUFGABE

Arbeitsmaterial:

Der amerikanische Nervenarzt *Spitz, R.* untersuchte in den vierziger Jahren Kleinkinder in zwei Heimen. Zur besseren Unterscheidung nannte er das eine "Säuglingsheim", das andere "Findlingsheim". In beiden Heimen wurden die Neugeborenen in besonderen Neugeborenen-Abteilungen untergebracht. Nach 2-3 Monaten wurden die Kinder in je einen großen Raum verlegt, der in eine Anzahl Einzelzellen unterteilt war. Diese waren im Säuglingsheim rundherum verglast, im Findlingsheim waren sie nur an 3 Seiten verglast, eine Seite war offen. Im Säuglingsheim wurden die Kinder nach 6 Monaten in Zimmer mit 4-5 Betten verlegt, im Findlingsheim blieben die Kinder häufig bis zum 18. Monat in ihren Einzelzellen. In beiden Heimen wurden die Säuglinge gestillt, im Findelhaus bis zum 3. Monat, im Säuglingshaus über diese Zeit hinaus. Das Essen wurde in beiden Heimen sorgfältig zubereitet, es war ausreichend.

Das Säuglingsheim war einer Strafvollzugsanstalt angegliedert. So konnten die Mütter, straffällige Mädchen und Frauen, ihre Kinder bis zum Ende des 1. Lebensjahres selbst betreuen. Die Kinder des Findlingsheimes dagegen entstammten Familien aller Schichten.

Im Säuglingsheim wurden die Kinder von ihren Müttern betreut. Dabei wurde beobachtet, daß die Mütter ihre Kinder betont sorgfältig und gewissenhaft versorgten. Sie pflegten und herzten ihre Kleinen besonders intensiv. Im Findlingsheim dagegen wurden die Säuglinge gleichen Alters zu Gruppen zusammengefaßt. Eine Säuglingsschwester mußte sich um durchschnittlich 5-7 Kinder kümmern, eine mechanische Fütterungsmaschine war ihr dabei eine große Hilfe.

Die Kinder des Säuglingsheimes entwickelten sich normal, wie ein Vergleich mit Kindern aus Familien zeigte.

Bei den Kindern des Findlingsheimes konnten folgende Veränderungen beobachtet werden: Im 1. Monat zeigten sie weinerliches Verhalten, das sich dann im 2. Monat steigerte und in Schreien überging. Im 3. Monat wollten sie sich nicht mehr streicheln oder anlächeln lassen, zudem verloren sie an Körpergewicht und wurden überaus anfällig für Krankheiten. Ihr Gesichtsausdruck wurde starr, fast "eingefroren". Die geistige und körperliche Entwicklung der Kinder verlangsamte sich erschreckend...

Aufgabe:

Welche Umstände sind für die normale Entwicklung eines Kleinkindes bedeutsam und wichtig, welche weniger wichtig?

IV. / M 6	Mutterbindung bei Rhesusaffen	Materialgebundene AUFGABE

Arbeitsmaterial:

Wie kommt es zur Bindung eines Menschenkindes an seine Mutter? Zwei Lehrmeinungen standen sich hier gegenüber: 1. Die Bindung an die Mutter geht aus der Nahrungsaufnahme und aus dem Stillen hervor. 2. Der enge körperliche Kontakt, die Berührung von Haut zu Haut, ist für die Kind-Mutter-Bindung entscheidend.

Da es sich aus ethischen Gründen verbietet, mit Menschenkindern zu experimentieren, stellte der amerikanische Forscher *Harlow* Untersuchungen an neugeborenen Rhesusaffen an, die er ohne Mutter aufzog. Statt dessen konnten sich die Affenbabys zwei Mutterattrappen zuwenden. Die eine bestand aus einem Drahtgestell mit einem hölzernen Gesicht, hier *Drahtmutter* genannt. Die *Stoffmutter* dagegen war zusätzlich von einem weichen Tuch überzogen. Bei der Drahtmutter war in Brusthöhe eine Flasche mit einem Schnuller angebracht, aus dem das Affenbaby Milch saugen konnte:

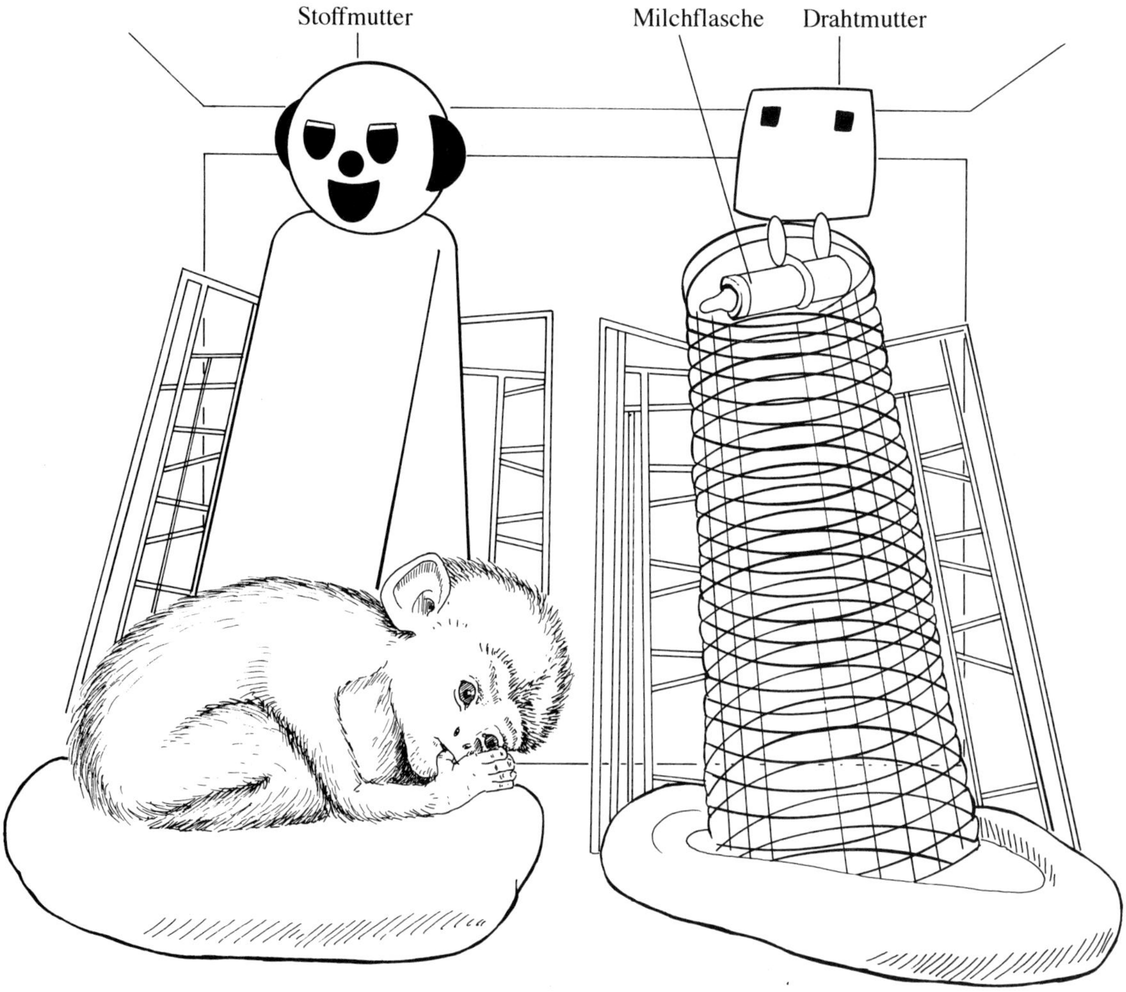

Quelle: *Neumann, G.-H.*: Einführung in die Humanethologie, © Quelle & Meyer Verlag Heidelberg, Wiesbaden 1979, S. 106

Das Ergebnis war überraschend: Das Affenbaby hielt sich in der Regel mehr als 14 Stunden pro Tag bei der Stoffmutter auf, klammerte sich an ihr fest und zeigte dabei ein zufriedenes Gesicht. Die Drahtmutter suchte es nur ab und zu zur Nahrungsaufnahme auf.

Aufgaben:

a) Welche der beiden Lehrmeinungen wurde durch die Befunde bestätigt?

b) Folgende Hypothese gelte: Die Befunde an Rhesusaffenbabys lassen sich auf Menschenbabys übertragen. Welche Ratschläge könnte man aus diesen Befunden für die Versorgung von Menschenbabys ableiten?

IV. / M 7	Miteinander aufwachsen — miteinander leben	Materialgebundene AUFGABE

Arbeitsmaterial:

Eine immer wiederkehrende Beobachtung ist die, daß viele Heimkinder als Erwachsene Schwierigkeiten haben, sich in ihrer Umwelt (Familie, Arbeitswelt, Freizeit) zurechtzufinden. Man kennzeichnet solche Menschen als nicht "sozial angepaßt". Wo liegen die Ursachen für die aufgezeigten Schwierigkeiten?

Zur Klärung dieser Frage ließen amerikanische Psychologen Rhesusaffen unter unterschiedlichen Bedingungen aufwachsen. Später beobachtete man dann das Spiel-, Sexual- und Verteidigungsverhalten dieser Affen:

Aufzuchtbedingungen	Alter zum Zeitpunkt der Beobachtung	Spiel-verhalten	Sexual-verhalten	Verteidigungs-verhalten
2 Jahre isoliert	4 Jahre	nicht normal	nicht normal	nicht normal
80 Tage isoliert	10,5 Monate	fast normal	fast normal	fast normal
nur Sichtkontakt zur Mutter	5 - 8 Jahre	wahrscheinlich normal	wahrscheinlich normal	fast normal
Stoffmutter	3 - 5 Jahre	wahrscheinlich normal	wahrscheinlich normal	fast normal
normale Mutter, ohne Spielgefährte	1 Jahr	nicht normal	wahrscheinlich normal	voll normal
normale Mutter, Spiel im Laufgitter	2 Jahre	voll normal	voll normal	voll normal
Stoffmutter, Spiel im Laufgitter	2 Jahre	wahrscheinlich normal	voll normal	voll normal

Aufgaben:

a) Welche Bedingungen sind für die normale Entwicklung von Rhesusaffen wichtig?

b) Warum stellt man solche Untersuchungen nicht beim Menschen an?

IV. / M 8	Turmbau-Übung oder "Wer mit wem?"	EXPERIMENT

Arbeitsmaterial:

Versuchsprotokoll

Thema: Wer mit wem?

Material und Geräte: Lineal (30 cm lang); Schere; große Tube Klebstoff; 2 Bogen Kartonpapier (die Angaben gelten für jeweils eine Arbeitsgruppe).

Durchführung: Die Klasse (z.B. 25 Schüler und Schülerinnen) wird in 4 Gruppen aufgeteilt. Jede Gruppe übernimmt Material und Geräte und geht dann in einen ihr zugewiesenen Raum (es ist durchaus möglich, daß je eine Gruppe in den entgegengesetzten Bereichen des Raumes tätig wird). Ein Mitglied einer jeden Gruppe übernimmt die Aufgabe des Beobachters. Es erteilt seiner Gruppe folgenden Auftrag:

"Baut aus dem zur Verfügung stehenden Material einen Turm. Dieser Turm wird später von einer Jury beurteilt, dabei spielen Höhe, Originalität und Standfestigkeit eine wichtige Rolle.

Bei der Herstellung müßt ihr folgendes beachten: Der Turm wird aus Streifen von Kartonpapier hergestellt, diese Streifen dürfen nicht länger und nicht breiter als euer Lineal sein. Es ist erlaubt, diese Streifen in jeder beliebigen Weise zusammenzufügen, sie dürfen gebogen und geklebt werden.

Wichtig ist, daß der Turm sich selber trägt; er darf nicht an eine Wand gelehnt werden.

Für die Arbeiten habt ihr 40 Minuten Zeit."

Der Beobachter protokolliert mit Hilfe folgender Tabelle, wer mit wem spricht:

Angesprochene ⇒ Sprecher ⇓	I	II	III	IV	V	Besondere Anmerkungen
I						
II						z.B. *ordnet häufig an*
III						
IV						z.B. *sehr zurückhaltend*
V						

Aufgabe:

Führt die beschriebene Untersuchung durch und nehmt zu den Protokollen Stellung!

IV. / M 9	Schüler durchlaufen ein Labyrinth	EXPERIMENT

Arbeitsmaterial:

Versuchsprotokoll

Thema: Ein Labyrinthversuch

Material und Geräte: Wellpappe; Teppichbodenmesser; Arbeitshandschuh; Klebstoff; Folie; Folienschreiber; Schal.

Durchführung: Klebe das abgebildete Labyrinth auf ein Stück Wellpappe und schneide dann die Gänge mit Hilfe eines Teppichbodenmessers aus. Achtung: Ziehe auf die Hand, mit der du die Pappe beim Ausschneiden der Gänge festhälst, einen Arbeitshandschuh.

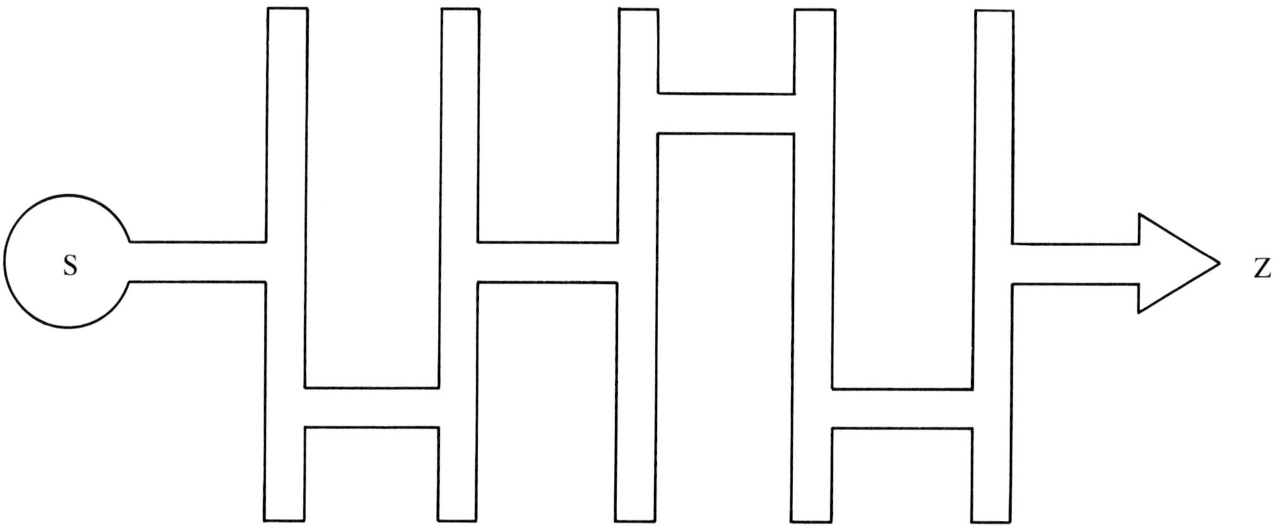

Verbinde dann einem Mitschüler (Versuchsperson) die Augen. Lege das Labyrinth auf eine Folie für einen Arbeitsprojektor. Gib der Versuchsperson einen Folienschreiber in die Hand. Diese Hand wird nun so in den Startbereich (S) gebracht, daß die Spitze des Schreibers im Startloch ruht.

Die Versuchsperson wird aufgefordert, die Schreiberspitze durch das Labyrinth zum Ziel (Z) zu führen.

Ein solches Durchlaufen des Labyrinths wird 9mal wiederholt. Vor jedem Start wird das Labyrinth ein Stück auf der Folie verschoben, um die "Spuren" der einzelnen Durchgänge besser sichtbar werden zu lassen. Jeder Strich, der in eine Sackgasse führt, zählt als Fehler.

Aufgaben:

a) Vervollständige das Versuchsprotokoll (Ergebnisse, Erklärung). Entwirf zur Darstellung der Ergebnisse ein Achsenkreuz, beschrifte die Abszisse mit "Anzahl der Durchgänge", die Ordinate mit "Anzahl der Fehler" und übertrage die Ergebnisse in dieses Achsensystem!

b) Vergleiche derartige Graphen mehrerer Versuchspersonen!

IV. / M 10	Lösen eine Problems	Materialgebundene AUFGABE

Arbeitsmaterial:

Folgendes Problem ist zu lösen:

Gegeben sind fünf Kugeln, die zwar gleich groß, aber von zum Teil unterschiedlicher Masse sind. Drei dieser Kugeln haben die gleiche Masse. Eine Kugel ist leichter, eine schwerer als die drei gleich schweren Kugeln. Die Masse der leichten Kugel ist um so viel Milligramm geringer wie die Masse der schweren Kugel größer ist.

Mit Hilfe der Balkenwaage soll herausgefunden werden, welches die leichte und welches die schwere Kugel ist. Dabei ist zu beachten, daß nur drei (3!) Wägungen erlaubt sind.

Aufgaben:

a) Stelle Überlegungen dazu an, wie ein sechsjähriges Kind vorgehen würde, um die Aufgabe zu lösen!

b) Löse selbst die Aufgabe und halte in Stichworten fest, wie du vorgegangen bist!

c) Nimm Stellung zu der Frage, ob sich die Schwierigkeit der Aufgabe vermindert, wenn nur zwei statt drei gleich schwere Kugeln vorliegen (somit insgesamt nur 4 gleich große Kugeln!).

IV. / M 11	Vater lernen ist (nicht) schwer	Materialgebundene AUFGABE

Arbeitsmaterial:

Der Vater eilt an das Kinderbett seiner 5 Monate alten Tochter. "Hallo, Sabina, was hast du denn? Was möchte denn mein kleiner Schatz?" Sabina blickt auf, hält einen Augenblick mit dem Weinen inne, um dann um so heftiger zu schreien. Der Vater bindet seine Küchenschürze ab, legt sie beiseite und beugt sich über das Kinderbett. Er nimmt seine Tochter hoch und spricht zärtlich auf sie ein: "Nicht weinen, ich will dir doch helfen, mein kleines Häschen." Er drückt seine Nase zärtlich gegen die Sabinas, vorsichtig streichelt er mit seiner Nase zunächst die Nase und dann das ganze Gesicht seiner Tochter. Diese hat inzwischen mit dem Weinen aufgehört, sie blickt aufmerksam und mit schon entspanntem Gesicht auf ihren Vater. Nun lächelt sie ihn an. Der Vater lächelt zurück.

Es ist nicht zu übersehen, daß der Vater seine Tochter sehr lieb hat. Seit 5 Monaten versorgt er sie. Sabinas Mutter geht seit 3 Monaten wieder ihrer Beschäftigung als Leiterin eines Geschäfts nach. Der Vater ist Lehrer. Er hat sich für 4 Jahre beurlauben lassen, um sich ganz der Versorgung und Erziehung seiner Tochter widmen zu können.

Er blickt auf die Armbanduhr: "Schon 11 Uhr, da ist es nicht verwunderlich, wenn die Kleine schreit. Ich werde ihr rasch die 11-Uhr-Mahlzeit aufwärmen." Er legt seine Tochter zurück in ihr Bett. Da klingelt es an der Haustür. Sabina fängt wieder an zu schreien. Der Vater öffnet die Tür, läßt Klaus, seinen Freund aus dem Fußballverein, eintreten und bittet ihn: "Geh doch bitte in das Kinderzimmer und kümmere dich um Sabina." Klaus tritt an das Kinderbett, beugt sich über das schreiende Kind und spricht beruhigend mit ihm. Dieses blickt kurz auf, um dann noch heftiger mit dem Schreien fortzufahren. Inzwischen ist der Vater mit dem Essen in das Zimmer eingetreten. Er nimmt seine Tochter hoch und tröstet sie leise. Sabina hört mit dem Weinen auf. Der Vater führt rasch einen Löffel aufgewärmten Kartoffel-Wurzelbreis zu ihrem Mund. Bereitwillig öffnet sie diesen, umschließt den Löffel mit ihren Lippen und schluckt die Breiportion hinunter. Der Vater spricht sie freundlich an: "Nun, wie schmeckt es dir, Sabina?" Das kleine Mädchen lächelt zurück...

Aufgabe:

Nimm Stellung zu folgender Formulierung aus einem Biologiebuch des Jahres 1976: "...der Säugling ist auf die Versorgung durch Eltern oder Pfleger angewiesen. Von Natur aus ist vor allem die Mutter auf diese Pflegerolle eingestellt"!

IV.2.3 Lösungshinweise zu den Aufgaben der Materialien

IV. / M 1

a) Linke Spalte: 1, 8, 6, 3; rechte Spalte: 7, 2, 4, 5.

b) In der linken Spalte Kopfumrisse mit kurzen Schnauzen bzw. Schnäbeln, mit hoher und vorgewölbter Stirn, der Kopf ist relativ hoch und weniger lang. In der rechten Spalte entgegengesetzte Merkmale.

c) In der linken Spalte.

IV. / M 2

a) Zunächst krümmt sich der Mittelfinger, dann der Ringfinger und der kleine Finger. Als letzte legen sich Zeigefinger und Daumen um den in die Handfläche gelegten Finger.

b) A: Festhalten an der Mutter (Anmerkung: Diese erbkoordinierte Bewegung kann allerdings nur als Rudiment bewertet werden);

B: Diese Beobachtung unterstützt die zu A getroffene Aussage;

C: Suchen der Brustwarze und letztlich Sicherstellung der Ernährung durch die mütterliche Milch.

c) Wenn die beschriebenen Verhaltensweisen bei allen Neugeborenen zu beobachten sind und zudem eine geordnete Abfolge (bei A) von Bewegungen feststellbar ist, deutet dies auf einen genetischen Zusammenhang hin. Zudem treten die Verhaltensweisen bei Neugeborenen auf, da mag ein Lernvorgang wenig wahrscheinlich sein.

IV. / M 3

a) Vor der Lärmeinwirkung: Normale Körperhaltung, d.h. Besonderheiten in der Körperhaltung sind nicht erkennbar. Nach der Lärmeinwirkung: Hochziehen der Schultern, Abdecken der Ohren mit den Händen bzw. mit den Unterarmen.

b) Die nach Lärmeinwirkung beobachtbaren Körperhaltungen sind möglicherweise angeboren. Wenn Schimpanse und Mensch, zwischen denen anerkanntermaßen ein verwandtschaftlicher Zusammenhang besteht, übereinstimmende Merkmale aufweisen, so liegt eine genetische Bedingtheit der Verhaltensweisen auf der Hand. Es ist allerdings nicht auszuschließen, daß der Schimpanse die beobachtete Verhaltensweise von Menschen übernommen hat.

IV. / M 4

a) Schon gleich nach der Geburt kann der Säugling im Verhaltensbereich *Nahrungsaufnahme* (A) kompetent agieren. Gleiches gilt für den Bereich *frühkindliches Kontaktbedürfnis*, allerdings geht dieses Bedürfnis mit dem 2.-3. Lebensjahr merklich zurück (B). Die *persönliche Bindung zwischen Kind und Bezugsperson* (C) wird besonders stark gegen Ende des 1. Lebensjahres entwickelt und bleibt bis zum 5. Lebensjahr auf einem gleich hohen Niveau. Dann nimmt die Intensität dieser Bindung ab. Der Komplex *Erkundungsverhalten, Spielen, Nachahmen* (D) beginnt sich erst gegen Ende des 1. Lebensjahres zu entwickeln und erfährt dann während des 2.-10. Lebensjahres seine stärkste Entwicklung. Die *Sexualentwicklung* (E) setzt mit voller Intensität erst mit Beginn der Pubertät ein.

b) Angst gegenüber Fremden; entwickeln von Ehrgeiz; aggressives Verhalten; Aufsuchen von Gleichaltrigen; Eingliedern in eine Gruppe.

IV. / M 5

Bedeutsam sind liebevolle Zuwendung, Anfassen und Streicheln durch eine und dieselbe Person (Bezugsperson). Weniger bedeutsam scheint die Verabreichung von Nahrung schlechthin; diese ist zwar elementare Voraussetzung für die Aufrechterhaltung der Körperfunktionen und das Wachstum, es müssen jedoch die zuvor genannten Faktoren hinzukommen.

IV. / M 6

a) Bestätigt wird die Lehrmeinung, daß der enge körperliche Kontakt, die Berührung der Haut für die Kind-Mutter-Bindung entscheidend ist.

b) Bei der Versorgung von Menschenbabys kommt es auf Körperkontakte mit der Pflegeperson an, d.h. auf Berührungen mit der warmen und weichen Haut der Pflegeperson. Man würde dem Pflegepersonal empfehlen, die Kinder möglichst häufig in den Arm zu nehmen und zu streicheln.

IV. / M 7

a) Für die Entwicklung des Spiel- und Sexualverhaltens ist der Kontakt mit der Mutter und mit Spielgefährten unerläßlich. Normales Verteidigungsverhalten kommt auch dann zustande, wenn nur Sichtkontakt mit der Mutter oder Kontakt mit einer Stoffmutter besteht. Eine lange Isolierung (2 Jahre) wirkt sich negativer aus als eine kurzzeitige (80 Tage).

b) Beim Menschen verbieten sich entsprechende Versuche aus ethischen Gründen.

IV. / M 8

Es ist zu erwarten, daß sich einige SuS bei der planerischen Gestaltung, bei "Führungsaufgaben" in den Vordergrund drängen, andere übernehmen ohne Widerspruch einfache handwerkliche Aufgaben. Die Vorschläge und Wertungen einiger SuS werden gehört und akzeptiert, die anderer SuS übergangen. Es bildet sich eine Hierarchie, eine Rangordnung heraus. Diese kann allerdings mit einer schon im Klassenverband existierenden Rangordnung übereinstimmen. Aus den Befunden läßt sich jedoch nicht zwingend ableiten, daß das Rangordnungsverhalten angeboren ist. Der Lernort

Schule bietet für alle SuS hinreichend Möglichkeiten, Rangordnungsverhalten nachahmend zu erlernen.

IV. / M 9

Es ist eine typische Lernkurve zu erwarten, nach 5-9 Durchgängen werden einige Schüler fehlerfrei das Labyrinth durchlaufen. Die Unterschiede im Lernergebnis bei einzelnen Schülern zeigen, daß eine unterschiedliche Befähigung für eine solche Lernleistung vorliegt. Damit ist allerdings nicht gesagt, ob die jeweilige Befähigung genetisch oder durch die Vorerfahrung bedingt ist. Auch muß bedacht werden, daß die einzelnen Schüler mit unterschiedlichem Ernst und unterschiedlicher Konzentration an die Aufgabe herantreten.

IV. / M 10

a) Ein sechsjähriges Kind würde planlos Messungen durchführen, nach dem Prinzip von Versuch und Irrtum. Es würde wohl zu keiner Lösung kommen.

b) 1. Wägung: Lege je 2 Kugeln in die Waagschale.

a. Herrscht Gleichgewicht, dann befinden sich in der einen Waagschale zwei gleichschwere, in der anderen die "leichte" und die "schwere" Kugel.

2. Wägung: Eine Kugel wird herausgenommen und durch die bisher nicht gewogene ersetzt. Bleibt die Waage im Gleichgewicht, so handelt es sich bei der herausgenommenen und bei der neu in die Waagschale gebrachten um gleich schwere Kugeln. In der anderen Waagschale befinden sich die "leichte" und die "schwere" Kugel.

3. Wägung: Die "leichte" und die "schwere" Kugel werden vergleichend gewogen und somit identifiziert.

b. Eine Wagschale neigt sich, die andere hebt sich. In der höher liegenden Waagschale befinden sich eine "normale" und die "leichte" Kugel, in der tiefer liegenden Waagschale liegen entweder zwei "normale" oder eine "normale" und die "schwere" Kugel.

2. Wägung: Eine vergleichende Wägung zwischen der "normalen" und der "leichten" Kugel führt zur Identifizierung der "leichten" Kugel.

3. Messung: Eine vergleichende Wägung der beiden Kugeln der tiefer gelegenen Waagschale aus der 1. Messung führt entweder zur Gleichgewichtseinstellung, dann handelt es sich bei der bisher nicht gewogenen Kugel um die "schwere" Kugel. Andernfalls wird die "schwere" Kugel durch Neigung der Waagschale identifiziert.

c) Die Schwierigkeit wird nicht geringer, es sind ebenfalls drei Wägungen erforderlich.

IV. / M 11

Die Behauptung ist nicht haltbar, wenn man einmal von der nur der Frau zukommenden Möglichkeit des Stillens absieht. Alle anderen Pflegetätigkeiten sind auch von einem Mann auszuführen. Er muß eben nur lernen, diese Rolle anzunehmen und die Teilaufgaben, die diese Rolle beinhaltet, erlernen.

IV.3 Medieninformation

IV.3.1 Audiovisuelle Medien

Klett-Film 994679: Kommunikation beim Menschen — Beispiele aus der Gebärdensprache, 4 min, f

Filmablauf:

— Sexualsignale (Imponieren, Kokettieren, Werbung)

— Begrüßungsrituale (Umarmung, Kuß, Hutziehen)

— Reviermarkierung (Parkbank, Strandburgen, Hochhaus)

— Aggression: verbal/mimisch (Streitgespräch), tätlich (raufende Kinder, Schlägerei)

— Wettkämpfe (Boxkampf, Fechten, Fußballspiel)

— Rangordnung: Demutssignale (Verbeugungen, Fußkuß)

— Autoritätssignale (Gesten, Uniform, Rotlicht)

Anmerkung: *Der Film bietet zahlreichere Aspekte als der Titel verspricht. Es erscheint daher sinnvoll, lediglich einzelne Phasen (besonders geeignet: die Phasen 2, 3 und 6) als Ausgangspunkt für weitere Gespräche vorzuführen.*

IWF-Film C 651: Die Entwicklung der frühkindlichen Motorik I — Nahrungsaufnahme, 15,5 min, sw

Inhalt: *Rhythmisches Brustsuchen unreifer und reifer Neugeborener. Oraler Einstellmechanismus. Entwicklung der Saugbewegungen. Essen mit dem Löffel.*

Anmerkung: *Anhand dieses Films lassen sich beispielhaft angeborene Verhaltensweisen des Menschen gut visualisieren. Zudem eröffnet der szenische Ablauf die Möglichkeit, die Bedeutsamkeit der Lernkomponente für die Entwicklung menschlichen Verhaltens aufzuzeigen.*

IWF-Film E 1821: Wetteiferspiel zwischen zwei Kindern von vier und fünf Jahren, 2,5 min, sw

Inhalt: *Wettspiel zwischen zwei Kindern, von denen eins überlegen ist. Leistungsvergleich führt zur Entwicklung eines Gütemaßstabes; soziales Ranggefüge der Tüchtigkeit entsteht, das im Ausdrucksverhalten deutlich wird. Versuch des unterlegenen Kindes, Mißerfolg zu vermeiden.*

Anmerkung: *Bei diesem Streifen handelt es sich um einen unkommentierten Ausschnitt des Films C 900: Anfänge der Leistungsmotivation im Wetteifer des Kleinkindes (Mitautor:* Heckhausen, H.). *Im Rahmen des Sek. I-Unterrichts kann dieser Film beispielhaft die Komplexität menschlichen Verhaltens aufzeigen. Er ermöglicht einen Einblick in die Verwobenheit angeborenen und durch die Umwelt beeinflußten Verhaltens.*

IWF-Film W 1455: Iko-Buschleute (Kalahari) — Aggressives Verhalten von Kindern im vorpubertären Alter, 19,5 min, sw

Inhalt: *Aggressives Verhalten und Interaktionen zwischen vier- bis zwölfjährigen Kindern einer Buschmanngruppe:*

Schlagen, mimisches Drohen, Parteiergreifen, Schmollen, Spotten, Gesäßweisen, Necken, Trösten.

Anmerkung: *Einzelne Szenen lassen sich gut einsetzen, um zum einen die ethologische Methode des Kulturvergleichs und zum anderen beispielhaft angeborene Verhaltensweisen des Menschen vorzustellen.*

IWF-Film W 1467: Nature and Development of Affection, 18 min, sw

Inhalt: Untersuchungen zur Analyse der Faktoren von Form und Entwicklung der Zuneigung bei Primaten. Seit Geburt von der Mutter getrennte Rhesusaffen wurden mit und ohne Pflege an Stoff- oder Draht-"Ersatzmüttern" aufgezogen. Der wichtigste Faktor der Bindung ist Körperkontakt. Jungaffen entwickeln feste und dauerhafte Bindungen zu der Stoff-"Ersatzmutter".

Anmerkung: *Dieser Film vermittelt eine hervorragende Anschauung von den grundlegenden Versuchen des amerikanischen Forschers* Harlow, H. F. *(Autor dieses Films!).*

Klett-Film 998779: Mutter-Kind-Bindung bei Tieren, 4 min, f

Filmablauf:

- Graugansküken folgen ihren Eltern
- Graugansküken folgen Mutterattrappen, auf die sie geprägt wurden
- Rhesusaffenmutter trägt ihr Kind am Bauch
- Rhesusaffengruppe beim Lausen und Fressen
- Kontaktaufnahme zwischen Mutter und Kind: Tragen, Kontaktsitzen
- Rhesusaffenkind im Isolationsexperiment: Verhalten gegenüber zwei Mutterattrappen unterschiedlicher Qualität
- Erkundungsverhalten eines sozial isoliert aufgewachsenen Jungtieres
- Brutpflegeverhalten eines isoliert aufgewachsenen Jungtieres
- Brutpflegeverhalten einer isoliert aufgewachsenen Rhesusaffenmutter
- Normales Kontaktverhalten zwischen Rhesusaffenmutter und Kind: Kontaktsitzen, Tragen, Lausen
- Jungtier beim Fressen und Erkunden in Mutternähe

Anmerkung: *Dieser Film bringt (in Farbe!) die klassischen Experimente* Harlows; *die vorangestellten Szenen zur Prägung bei Enten sollte man aussparen oder aber zu einem späteren Zeitpunkt projizieren, um dann zu einer vergleichenden Sichtweise zu gelangen.*

IV.3.2 Zeitschriften

Kattmann, U. (Hrsg.): Verhalten des Menschen. Themenheft in Unterricht Biologie 12/92, Jahrgang 1985, Friedrich Verlag

Anmerkung: *Neben dem Basisartikel werden folgende Aufsätze vorgelegt: 1. Familienbilder 2. Außenseiter in der Klasse 3. Homo scholaris 4. Kindchenschema — Untersuchungen einer Originalarbeit 5. Kinderspiel 6. Beeinflussung menschlichen Verhaltens durch Autorität 7. Der Vater in der heutigen Gesellschaft 8. Entwicklung von Steinwerkzeugen — Evolution der Geschichte 9. Verhalten des Menschen aus der Sicht der Soziobiologie 10. "Aggression-Solidarität" im Unterricht. Der Basisartikel verdient besondere Beachtung, hier sei die* ***Kurzfassung*** *zitiert: Das Gebiet der Humanethologie ist selbst unter Biologen umstritten. Alle Denkmodelle und Ergebnisse der Humanethologie sind daher kritisch hinsichtlich ihrer Aussagekraft zu hinterfragen, bevor sie Eingang in den Biologieunterricht finden. So sollte man in bezug auf den Menschen nicht von angeborenen Verhaltensweisen, sondern lediglich von Verhaltenstendenzen und -dispositionen sprechen und so die Varianz menschlichen Handelns berücksichtigen. Entsprechend begrenzt sind die Möglichkeiten eines Mensch-Tier-Vergleichs. Bei der Untersuchung menschlicher Handlungsweisen darf die Kulturgeschichte nicht außer acht gelassen werden.*

IV.3.3 Bücher

Bunk, B. und **Tausch, J.:** Grundlagen der Verhaltenslehre. Georg Westermann Verlag (1975)

Anmerkung: *In diesem Band werden humanethologische Aspekte in doch sehr behutsamer Art vorgetragen und hinsichtlich ihrer unterrichtlichen Aussagekraft reflektiert.*

Eibl-Eibesfeldt, I.: Grundriß der vergleichenden Verhaltensforschung. Ethologie. R. Piper & Co. Verlag (1978)

Anmerkung: *An diesem Standardwerk der Ethologie kommt auch der nicht vorbei, der sich mit humanethologischen Fragen beschäftigt. Auf immerhin ca. 100 Seiten berichtet der Autor über humanethologische Forschungsmethoden und -ergebnisse.*

Neumann, G.-H.: Einführung in die Humanethologie. Quelle & Meyer (1979)

Anmerkung: *Dieses Buch bietet eine Fülle humanethologischer Untersuchungsergebnisse. Allerdings vermißt man die von Kattmann geforderte Zurückhaltung bei der didaktischen Reflexion humanethologischer Modelle und Ergebnisse.*